木白 ◎ 编著

AI短视频
制作一本通

文本生成视频➕图片生成视频➕视频生成视频

北京大学出版社
PEKING UNIVERSITY PRESS

内 容 提 要

文字可以直接生成视频，图片可以直接生成视频，甚至视频也可以直接生成新的视频？这在过去是无法想象的，但是在 AIGC 时代，这些都可以实现！本书将带领大家开启 AI 视频创作之旅，和大家一起积极接触 AI、应用 AI 工具，占得市场先机！

本书内含四篇（13 章）内容，从四个方面入手教大家进行 AI 视频创作。第一篇，文本生成视频篇：介绍 AI 短视频脚本文案的创作方法、在剪映里用 AI 文案和文章链接生成视频的方法、在腾讯智影里智能创作文本与视频的方法、在一帧秒创里用文案帮写与智能编辑功能生成与编辑视频的方法等内容；第二篇，图片生成视频篇：介绍使用 AI 生成所需要的图片素材的方法、在剪映手机版里用图片一键生成视频的方法、在必剪手机版里用图片生成视频的方法、在快影手机版里用图片生成音乐 MV 的方法等内容；第三篇，视频生成视频篇：介绍使用剪映电脑版一键剪出同款视频的方法、使用 Premiere 中的 AI 功能快速编辑视频的方法，以及借助 AI 功能剪辑视频素材的方法等内容；第四篇，AI 短视频应用篇：介绍使用 ChatGPT 生成文案的方法、使用 AI 视频配音功能制作电影解说类短视频的方法，以及使用 AI 虚拟数字人制作口播类短视频的方法等内容。除了本书内容，随书附赠80 多个教学视频、170 个素材与效果文件，以及 PPT 教学课件、每章案例关键词文件等资源，帮助读者扎实地掌握 AI 短视频生成与应用技能。

本书结构清晰，案例丰富，非常适合想学习用文本、图片、视频来生成所需要的视频的读者，特别是短视频自媒体达人、教育行业从业者，以及电商行业从业者，此外，也可以作为视频、影视等相关专业的教材使用。

图书在版编目（CIP）数据

AI 短视频制作一本通 ：文本生成视频＋图片生成视频＋视频生成视频 / 木白编著 . — 北京 ： 北京大学出版社 ,2023.10

ISBN 978–7–301–34453–8

Ⅰ . ① A… Ⅱ . ①木… Ⅲ . ①视频制作 Ⅳ . ① TN948.4

中国国家版本馆 CIP 数据核字 (2023) 第 177174 号

书　　　名	AI 短视频制作一本通：文本生成视频＋图片生成视频＋视频生成视频	
	AI DUANSHIPIN ZHIZUO YIBEN TONG: WENBEN SHENGCHENG SHIPIN ＋ TUPIAN SHENGCHENG SHIPIN ＋ SHIPIN SHENGCHENG SHIPIN	
著作责任者	木白　编著	
责 任 编 辑	滕柏文	
标 准 书 号	ISBN 978–7–301–34453–8	
出 版 发 行	北京大学出版社	
地　　　址	北京市海淀区成府路 205 号　100871	
网　　　址	http://www. pup. cn　　新浪微博：@ 北京大学出版社	
电 子 邮 箱	编辑部 pup7@pup. cn　　总编室 zpup@pup. cn	
电　　　话	邮购部 010–62752015　发行部 010–62750672　编辑部 010–62570390	
印 刷 者	北京宏伟双华印刷有限公司	
经 销 者	新华书店	
	787 毫米 ×1092 毫米　16 开本　11.75 印张　380 千字	
	2023 年 10 月第 1 版　2025 年 1 月第 3 次印刷	
印　　　数	7001–10000 册	
定　　　价	79.00 元	

前　言

写作背景

　　随着人工智能的迅猛发展，AI 与我们的日常生活和工作联系得越来越紧密。曾经，短视频爱好者、自媒体运营者、网店商家会为如何又快又好地剪辑需要的短视频而发愁，如今，AI 技术与短视频剪辑技术的强强联合解决了这个难题。借助 AI，人们可以使用文本、图片，甚至视频，快速生成满足需求的、更为精美的短视频。除此之外，相当一部分文本和图片也能借助 AI 完成生成，真正做到"一键获取"。

　　随着 AI 技术的普及，短视频剪辑会由曾经的人工式、手动式、低效率制作，转变为智能式、自动式、高效率生成，在抖音、快手、视频号、B 站、小红书等平台上活跃的短视频自媒体达人，将是推动与应用该 AI 技术的第一批人，而第二批人，则是有短视频制作刚需的各行各业的从业者。

　　AI 短视频技术在不断发展，目前，抖音上最火的当属 AI 变身，即真人变动漫，还有 AI 口播，即数字人出镜，接下来，这类 AI 短视频应该会在教育、培训等行业，以及电商宣传、店铺广告等活动中广泛、大量地应用。

　　从语音到静态画面，再到动态影像，至此，AIGC（人工智能生成内容）完成了对短视频的全面渗透。输入文案、自动合成语音……AI 生成短视频已成当下短视频批量生产的标配与趋势。

　　AI 短视频的蓬勃发展，与我国推动科技创新的举措是不谋而合的。因此，学习和掌握 AI 短视频生成技巧，既能满足个人生活和工作的需求，又能为建设社会主义现代化科技强国做出贡献。

本书特色

　　如何依据长篇累牍的文本生成绘声绘色的短视频？

　　如何使用平面二维的图片生成动感十足的短视频？

　　如何将随手拍下的视频片段包装成质量更进一步的短视频？

　　如何让 AI 短视频在生活、生产中发挥更大的作用？

　　……

　　以上问题，都能在本书中找到答案！

　　本书的明线，是分文本生成视频篇、图片生成视频篇、视频生成视频篇和 AI 短视频应用篇进行讲解，大家可以通过研究目录发现，讲解与应用是由浅入深、层层进阶的。而本书的特色，在于安排了 3 条暗线，完全符合先夯实基础，再灵活应用的学习逻辑，具体如下。

　　第一条暗线是【生成方式线】：通过介绍文本生成视频、图片生成视频和视频生成视频等 3 种 AI 短视频生成方式，帮助读者掌握借助 AI 技术生成短视频的操作方法。

　　第二条暗线是【平台／工具线】：通过介绍 ChatGPT、剪映电脑版、腾讯智影、一帧秒创、文心一格、Midjourney、剪映手机版、必剪手机版、快影手机版和 Premiere 等 10 大平台／工具，帮助读者掌握文案、图片和视频的生成方法，以及众多实用的 AI 短视频编辑功能。

　　第三条暗线是【案例实战线】：不仅在各章节中穿插使用大量案例对平台／工具的功能进行介绍，还在第四篇中集中添加两个 AI 短视频实战应用案例，帮助读者学以致用。

特别提醒

编写本书时，笔者基于各大平台 / 工具截取实际操作图片，但书从编写到编辑出版需要一段时间，在这段时间里，平台 / 工具的界面与功能会有调整与变化，比如有的内容删除了，有的内容增加了，这是平台运维者 / 软件开发商做的更新，很正常。读者在阅读本书时，可以根据书中的思路，举一反三地进行学习，不必拘泥于细微的变化。

此外，由于 AI 生成具有随机性，即便是依据同样的关键词、素材，也有可能生成不同效果的内容，因此，书中展示的效果与配赠的教学视频中出现的效果有些差异是在所难免的，读者不必囿于细节，掌握操作方法即可。

编写本书时，笔者使用的软件及对应版本为剪映电脑版 4.1.0、剪映手机版 10.5.0、必剪手机版 2.37.2、快影手机版 V5.99.9.5999.02。

素材获取

读者可以用微信扫一扫下方左侧二维码，关注编辑部微信公众号，输入本书 77 页的资源下载码，根据提示获取随书附赠的超值资料包的下载地址及密码。

此外，读者可以用微信扫一扫下方右侧二维码，观看本书教学视频。

博雅读书社
微信公众号

扫码看视频

作者售后

本书由木白编著，李玲参与编写，提供视频素材和拍摄帮助的人员还有向小红、邓陆英、苏苏等，在此表示感谢。

由于作者知识水平有限，书中难免有错误和疏漏之处，恳请广大读者批评、指正，联系微信：2633228153。

木白

目录

文本生成视频篇

第 1 章　AI 视频之源：短视频脚本文案

　　脚本文案之于短视频制作，如同设计草图之于房屋建筑，都起着至关重要的作用。本章主要介绍有关脚本文案和 AI 文案的基础知识、ChatGPT 的使用方法、使用 ChatGPT 生成脚本文案的方法，以及生成 5 种不同的短视频文案的方法，帮助用户掌握 AI 脚本文案的创作技巧。

1.1 脚本文案的基础知识

AI 是 Artificial Intelligence 的简写，意为人工智能。AI 短视频是使用人工智能技术辅助生成的短视频。通过使用深度学习、计算机视觉、自然语言处理等技术，AI 拥有一系列功能，包括智能视频剪辑、自动字幕生成、场景识别、视频特效添加、风格迁移等。

使用 AI 生成短视频，可以提高短视频制作效率、降低制作成本，并增强效果的艺术性和个性。AI 短视频的出现为短视频制作领域带来了许多新的机会和可能性，不过，AI 短视频的生成并不是完全自动的，在生成 AI 短视频的过程中，仍需要人类的参与和指导。

例如，在使用文本生成短视频的过程中，AI 需要用户提供脚本文案，才能进行内容分析和素材匹配。因此，脚本文案是 AI 短视频生成的基础和灵魂，对于剧情的发展与走向有着决定性的作用。为了得到满意的短视频效果，用户需要掌握短视频脚本的相关知识。

1.1.1 脚本的内涵

脚本是工作人员拍摄和剪辑短视频的主要依据，其内容是统筹安排短视频拍摄过程中的所有事项，如什么时候拍、用什么设备拍、拍什么背景、拍谁、怎么拍等。简单的短视频脚本模板见表 1-1。

表 1-1　简单的短视频脚本模板

镜号	景别	运镜	拍摄重点	设备	备注
1	远景	固定镜头	在天桥上俯拍城市中的车流	手机广角镜头	延时摄影
2	全景	跟随运镜	拍摄主角从天桥上走过的画面	手持稳定器	慢镜头
3	近景	上升运镜	从人物手部拍到头部	手持稳定器	
4	特写	固定镜头	拍摄人物脸上露出开心的表情的画面	三脚架	
5	中景	跟随运镜	拍摄人物走下天桥楼梯的画面	手持稳定器	
6	全景	固定镜头	拍摄人物与朋友见面问候的场景	三脚架	
7	近景	固定镜头	拍摄两人手牵手的温馨画面	三脚架	后期进行背景虚化
8	远景	固定镜头	拍摄两人走向街道尽头的画面	三脚架	欢快的背景音乐

在创作短视频的过程中，所有参与前期拍摄和后期剪辑的人员都需要遵从脚本的安排，包括摄影师、演员、道具师、化妆师、剪辑师等。如果没有脚本，拍摄短视频时很容易出现各种问题，比如，拍到一半突然发现场景不合适、道具没准备好、演员尚未就位等，需要花费大量时间和资金重新安排。这样，不仅会浪费时间和金钱，还很难拍出理想的短视频。

1.1.2 脚本的作用

短视频脚本主要用于指导所有参与短视频创作的工作人员的行为和动作，以便提高工作效率，保证短视频的质量。短视频脚本的作用如图 1-1 所示。

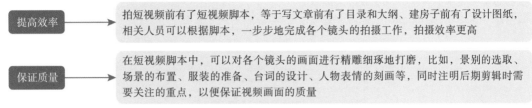

图 1-1　短视频脚本的作用

1.1.3 脚本的类型

虽然短视频的时长有限，但工作人员需要在规划内容时足够用心。精心设计短视频脚本，才有可能让短视频的内容更加优质，进而获得更多上热门的机会。短视频脚本一般分为分镜头脚本、拍摄提纲和文学脚本 3 种，如图 1-2 所示。

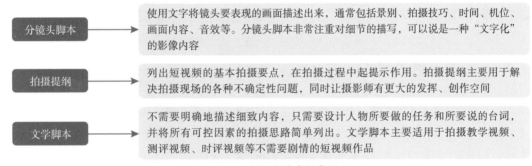

图 1-2　短视频脚本的类型

综上所述，分镜头脚本适用于剧情类短视频内容，拍摄提纲适用于访谈类或资讯类短视频内容，文学脚本则适用于没有剧情的短视频内容。

1.2　AI文案的基础知识

了解脚本文案的重要性后，大家就可以着手准备所需要的脚本文案了。对于刚开始接触短视频制作的人而言，创作脚本文案并不是一件轻松的事，如今，大家可以借助 AI 来完成这项工作。

本节主要介绍 AI 文案的概念、发展历程、原理，以及特点，帮助大家熟悉 AI 文案的基础知识，为后面的学习奠定良好的基础。

1.2.1 AI 文案的概念

AI 文案是依托人工智能技术生成的营销或宣传文本，强大的人工智能技术可以帮助用户轻松地将自己的想法变成文字内容。AI 文案是由机器生成的文案，用户只需要输入关键词或者句子，就能得到基本符合自己想法和要求的文案，既专业，又高效。

用户输入"你了解短视频吗？"之后获得的 AI 文案如图 1-3 所示。

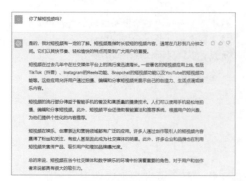

图 1-3　AI 文案

在实际工作中，好的文案可以让产品得到良好的营销和宣传，扩大目标市场。文案创作需要丰富的写作技巧和经验，对许多产品和服务的文案写作者来说具有一定的难度，这时，AI 文案工具能够帮助大家解决这一系列难题。

1.2.2 AI 文案的发展历程

随着人工智能技术的不断发展，AI 文案自动生成技术也在不断演进。从最初的简单模板填充到如今的深度学习模型，AI 文案自动生成技术已经实现了对语法、句法、语义的全面覆盖。AI 文案的发展历程可以追溯到 20 世纪 50 年代，发展历程中重要的里程碑如图 1-4 所示。

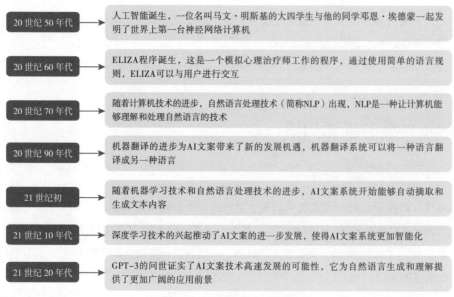

图 1-4　AI 文案的发展历程

1.2.3　AI 文案的生成原理

AI 文案的生成原理是基于自然语言处理技术和机器学习技术，使用大量的文本数据进行学习和训练，逐渐识别和理解人类的语言模式，通过分析用户提供的主题和关键词，进行自动推理，从而生成各种高质量的句子、段落、文章等。

具体来说，AI 文案的生成过程通常包括以下几个步骤，如图 1-5 所示。

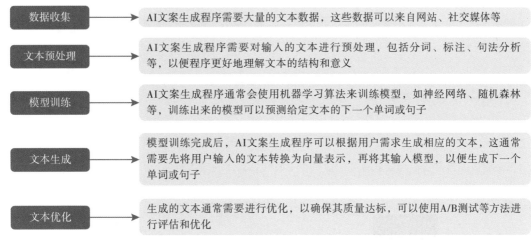

图 1-5　AI 文案的生成过程

1.2.4　AI 文案的特点

生成 AI 文案是自然语言生成技术的应用之一，可以解决用户在生活和工作中遇到的文案创作难题，为用户提供高效且省力的文案写作方法。总体来说，AI 文案具有七大特点，如图 1-6 所示。

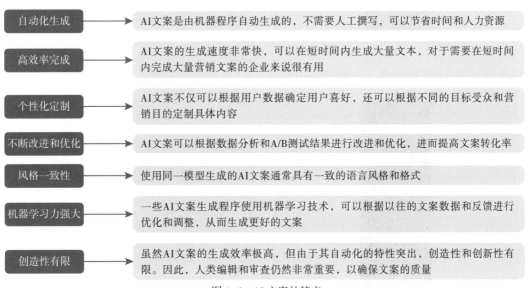

图 1-6　AI 文案的特点

1.3 ChatGPT的使用方法

ChatGPT 是目前常用的 AI 文案写作工具之一，它是基于人工智能技术的自然语言处理系统，可以模仿人类的语言行为，实现人机之间的自然语言交互。本节介绍 ChatGPT 的基本使用方法，帮助用户了解并快速上手 ChatGPT。

1.3.1 ChatGPT 的基本用法

登录 ChatGPT 后，会弹出 ChatGPT 聊天窗口，用户可以在聊天窗口中输入任何问题或话题，ChatGPT 将尝试回答并提供与主题有关的信息，下面介绍具体的操作方法。

步骤 01　进入 ChatGPT 聊天窗口，单击底部的输入框，如图 1-7 所示。

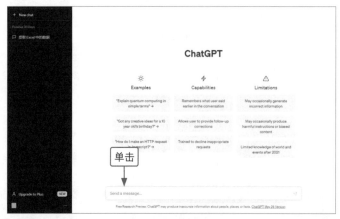

图 1-7　单击底部的输入框

步骤 02　输入目标关键词，如"你了解 AI 短视频吗？"，如图 1-8 所示。

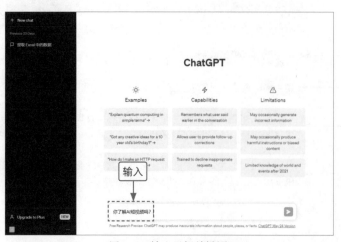

图 1-8　输入目标关键词

步骤 03 单击输入框右侧的发送按钮▶或按【Enter】键，ChatGPT 即可根据要求生成相应的回复，如图 1-9 所示。阅读 ChatGPT 生成的回复后大家可以发现，ChatGPT 对 "AI 短视频" 有一定的了解，但是不够确切，它将 "AI 短视频" 与 "AI 短视频生成应用 / 平台" 进行了混同。这时，大家可以将它生成的内容复制出来，自行纠正并优化后使用，也可以继续与它对话，帮助它更新概念。

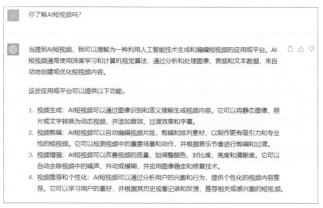

图 1-9　ChatGPT 生成的回复

1.3.2 温度指令

ChatGPT 生成的文案虽然严谨，但略显死板、单调。想让 ChatGPT 的回复更灵活，用户可以在关键词的结尾加上指令 "Please generate the answer at x" 或 "use a temperature of x" （请用 x 的温度生成答案）。其中，x 为数值，一般设置在 0.1 至 1 之间。ChatGPT 的低温度回复稳重且严谨，高温度回复则充满创意与想象力，下面通过实操对比一下。

步骤 01 在 ChatGPT 中输入 "请写一段关于老虎的描述"，不添加温度指令，生成的回复如图 1-10 所示。

图 1-10　没有添加温度指令时生成的回复

步骤 02　加上温度指令，在 ChatGPT 中输入"请写一段关于老虎的描述，use a temperature of 1"，生成的回复如图 1-11 所示。

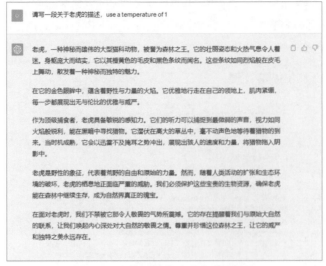

图 1-11　添加温度指令后生成的回复

可以看到，两个回复的差别非常明显，没有温度指令时生成的回复比较机械，添加温度指令后生成的回复则犹如小说一样，更有吸引力。

1.3.3　提问结构

同样是使用 ChatGPT 生成答案，无效提问和有效提问获得的答案的质量可以说是有着天壤之别。下面介绍一个可以在 ChatGPT 中获得高质量答案的提问结构。

步骤 01　来看一个无效提问的案例，在 ChatGPT 中输入"我要去长沙旅游，帮我推荐一些景点"，ChatGPT 的回复如图 1-12 所示。可以看到，ChatGPT 生成的答案跟百度搜索的结果没有太大的区别。

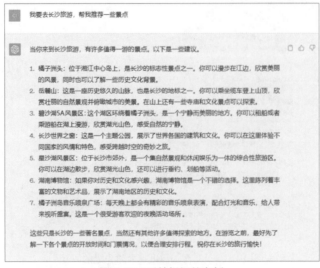

图 1-12　无效提问的案例

步骤 **02** 优化提问方法，在 ChatGPT 中输入"我要在 10 月 1 日去长沙旅游，为期一天，住在五一广场附近。请你作为一名资深导游，帮我制订一份旅游计划，包括详细的时间、路线和用餐安排。我希望时间宽松，不用太过奔波。另外，请写出乘车方式"，ChatGPT 的回复如图 1-13 所示。

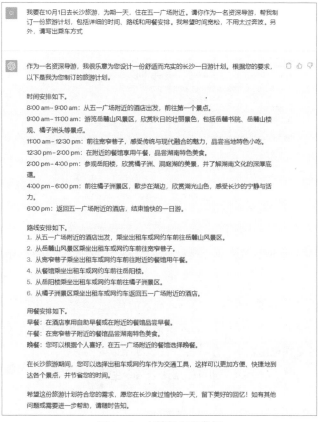

图 1-13　有效提问的案例

这个提问案例采用"交代背景 + 赋予身份 + 给出需求 + 意见补充"的提问结构，基本上能够帮助我们解决可能会遇到的大部分问题。

（1）交代背景："我要在 10 月 1 日去长沙旅游，为期一天，住在五一广场附近。"

（2）赋予身份："请你作为一名资深导游，帮我制订一份旅游计划，包括详细的时间、路线和用餐安排。"

（3）给出需求："我希望时间宽松，不用太过奔波。"

（4）意见补充："另外，请写出乘车方式。"

1.3.4　特定关键词

使用 ChatGPT 生成文案时，用户可以通过给出特定的关键词，让生成的回复更加符合自己的需求。

例如，使用 ChatGPT 生成一篇小说，用户只需要给出与小说主题相关的关键词，即可帮助 ChatGPT 更好地理解自己的需求。在 ChatGPT 中输入"试用第一人称方式，假设你是 1947 年罗斯威尔事件中的一名警官，撰写一篇冒险小说，描述当晚的事件，字数在 300 字以内"，ChatGPT 即可根据该事件生成一篇惊心动魄的探险小说，如图 1-14 所示。

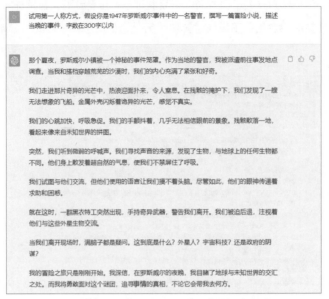

图 1-14　使用 ChatGPT 生成的探险小说

用户给了 ChatGPT 一个身份后，需要给出包含关键词的进一步指令。例如，给 ChatGPT 的身份为"你现在是一名编剧"，给出的包含关键词的进一步指令为"你将为电影或能够吸引观众的网络连续剧开发引人入胜且富有创意的剧本。从想出有趣的角色、故事的背景、角色之间的对话等开始，直到你的角色发展完成——创造一个充满曲折的激动人心的故事情节，让悬念一直保持到最后。我的第一个要求是写一部以巴黎为背景的浪漫剧情电影剧本，字数控制在 300 字以内"。

将上述指令输入 ChatGPT，ChatGPT 即可根据这些指令生成一个完整的电影剧本，如图 1-15 所示。

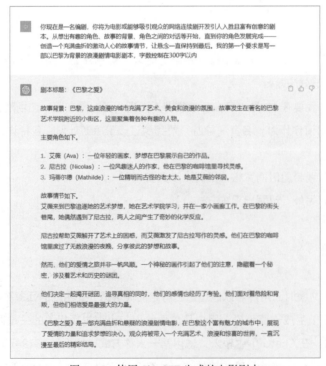

图 1-15　使用 ChatGPT 生成的电影剧本

1.4 使用ChatGPT生成脚本文案

掌握了 ChatGPT 的使用方法后，用户就可以使用 ChatGPT 生成创意丰富的短视频脚本文案，并创作吸引人的短视频内容了，本节介绍一些相关技巧。

1.4.1 策划短视频主题

用户可以在 ChatGPT 中输入相关主题、情节、角色、对话等信息，启发 ChatGPT 生成创意丰富的短视频脚本，以便更快地创作吸引人的短视频内容，提高短视频的质量和观众参与度。

制作短视频的目的是吸引观众的注意力，并传达信息和情感，因此，策划一个好的主题非常重要，具体方法如下。

步骤 01 在 ChatGPT 中输入"帮我推荐 10 个热门短视频话题"，ChatGPT 的回复如图 1-16 所示。

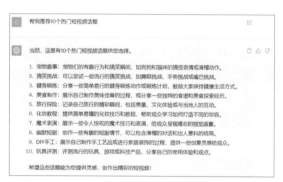

图 1-16 ChatGPT 推荐的 10 个热门短视频话题

步骤 02 从 10 个热门视频话题中选择一个，让 ChatGPT 在"# 化妆教程"这个大的类目下列出一些子主题。在 ChatGPT 中输入"关于 # 化妆教程，给我 10 个子主题建议"，ChatGPT 的回复如图 1-17 所示。

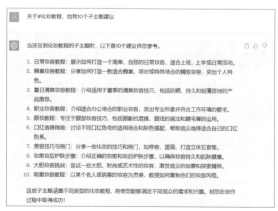

图 1-17 ChatGPT 列出的子主题建议

步骤 03 从 10 个子主题中选择一个，如"妆前妆后护肤步骤"，让 ChatGPT 生成 10 个视频创意。输入"关于美妆中的妆前妆后护肤步骤，介绍如何保湿补水、洁面等，要作为分享人来说，不需要很强的营销口吻，帮我再想 10 个视频创意"，ChatGPT 的回复如图 1-18 所示。

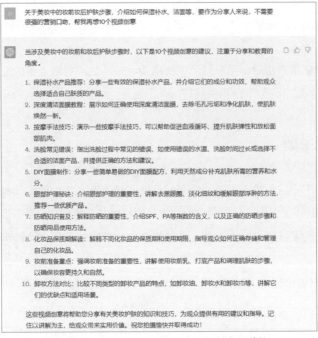

图 1-18　ChatGPT 生成的有关视频创意的建议

步骤 04 选择一个建议，让 ChatGPT 拟一个视频标题。可以试着让 ChatGPT 加入一些数字，这样更有说服力，比如，输入"根据'保湿补水产品推荐：分享一些有效的保湿补水产品，并介绍它们的成分和功效，帮助观众选择适合自己肤质的产品'这个内容，帮我写 10 个热门的短视频标题，并在其中加一些数字"，ChatGPT 的回复如图 1-19 所示。

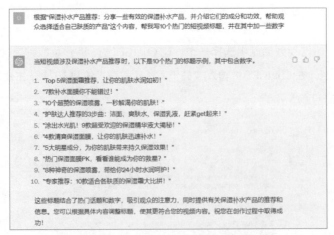

图 1-19　ChatGPT 生成的热门短视频标题

1.4.2 生成短视频详细脚本

有了短视频主题后，用户即可让 ChatGPT 根据主题生成短视频详细脚本，具体方法如下。

步骤 01 在 ChatGPT 中输入"'护肤达人推荐的 3 步曲：洁面、爽肤水、保湿乳液，赶紧 get 起来！'，根据这个标题，写一个抖音短视频脚本。语气：分享人口吻、惊喜、轻松。内容符合平台规则，不要用极限词"，ChatGPT 的回复如图 1-20 所示。

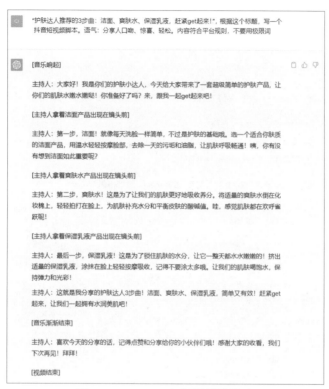

图 1-20　ChatGPT 生成的短视频脚本

步骤 02 输入"请详细展开叙述一下"，ChatGPT 即可生成更加详细的脚本文案，如图 1-21 所示。

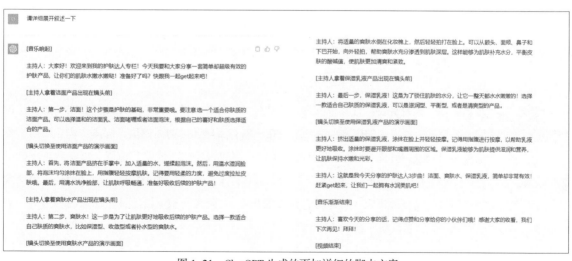

图 1-21　ChatGPT 生成的更加详细的脚本文案

1.4.3 生成分镜头脚本文案

分镜头脚本文案是描述短视频中每一个镜头的内容和细节的文案，通常包含标题、场景描述、景别、运镜方法、台词或对白、道具、节奏、节拍等要素，用户撰写分镜头脚本文案时，可以根据具体的需求来安排这些要素。下面介绍使用 ChatGPT 生成分镜头脚本文案的具体方法。

步骤 01 在 ChatGPT 的输入框中输入对话前提，如输入"分镜头脚本文案是什么"，确认 ChatGPT 是否了解分镜头脚本文案，生成的回复如图 1-22 所示。

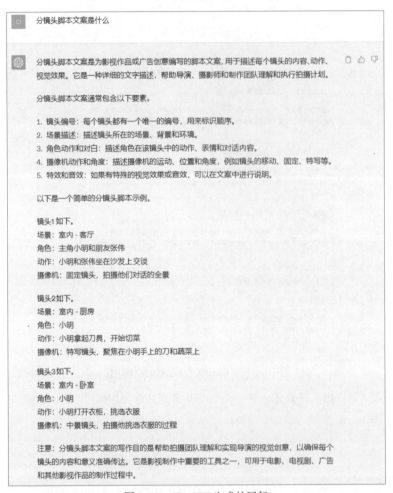

图 1-22　ChatGPT 生成的回复

步骤 02 为 ChatGPT 设定身份，让其根据身份完成任务，如输入"你是一名专业的美食博主，正在写一个关于美食探店的脚本，事情发生在一家有百年历史的面馆里，脚本中需包括当下短视频热门元素，开篇 5s 迅速吸引人的眼球，中间有反转，结尾有惊喜，文案侧重于情绪表达。脚本用表格的形式呈现以下内容：分镜序号、景别、画面描述、对话台词（包括人物对话时的动作、语言、神态等，越详细越好）、背景音乐（给出具体的歌曲名称）"，生成的分镜头脚本文案如图 1-23 所示。

你是一名专业的美食博主，正在写一个关于美食探店的脚本，事情发生在一家有百年历史的面馆里，脚本中需包括当下短视频热门元素，开篇5s迅速吸引人的眼球，中间有反转，结尾有惊喜，文案侧重于情绪表达。脚本用表格的形式呈现以下内容：分镜序号、景别、画面描述、对话台词（包括人物对话时的动作、语言、神态等，越详细越好）、背景音乐（给出具体的歌曲名称）

分镜序号	景别	画面描述	对话台词	背景音乐
1	近景	快速剪辑展示面馆的招牌菜和环境		动感的快节奏音乐
2	中景	主持人走进面馆，招呼老板，开始探店	主持人：大家好，欢迎来到这家百年面馆！今天我们要给大家带来一场美食之旅。	轻快的背景音乐
3	远景	主持人和老板交谈，老板讲述面馆的历史和特色	老板：我们的面馆始终传承着百年的秘方，口感独特，让人回味无穷。	轻柔的古风音乐
4	中特写	主持人品尝面馆的招牌面条，表情惊喜	主持人：哇，这面条的口感简直是绝了！弹牙十足，鲜香可口！	欢快的节日音乐
5	近特写	主持人与厨师互动，学习制作面馆特色小吃	主持人：厨师师傅，能教我做一道面馆的拿手小吃吗？	活泼的背景音乐
6	中景	主持人和顾客交流，顾客表达对美食的喜爱	顾客：这里的面条真是一绝，每次来都忍不住要点一碗！	欢快的流行音乐
7	近特写	主持人品尝一道特色小吃，表情瞬间变化	主持人：哇！这道小吃的味道真是意想不到，口感酥脆，味道鲜美！	惊悚悬疑的音乐
8	远景	主持人向观众推荐面馆的特色菜和美食	主持人：这家面馆的美食真是让人欲罢不能，绝对是必去的美食圣地！	欢快的流行音乐
9	近特写	主持人和老板合影，道别	主持人：感谢面馆的热情款待，我会推荐给更多朋友。	

图 1-23　ChatGPT 生成的分镜头脚本文案

可以看出，ChatGPT 生成的分镜头脚本文案要素齐全，满足我们提出的各项要求，但是其对短视频整体内容的意蕴和深度把握不够，而且对短视频热门元素了解不多，因此，这个分镜头脚本文案仅起到一定的参考作用，使用前，需要用户结合自己的实战经验和短视频文案的所属类型进行优化。

因表达内容和写作手法不同，短视频文案表现为不同的类型：情感共鸣类短视频文案、互动体验类短视频文案、情节叙事类短视频文案、干货分享类短视频文案、影视解说类短视频文案等。用户在使用 ChatGPT 生成短视频文案时，可以结合其类型来撰写关键词。

1.4.4　生成短视频标题文案

除了策划主题和生成脚本文案，ChatGPT 还可以用来生成短视频标题。短视频标题是对短视频主体内容的概括，能够起到突出视频主题、吸引受众观看视频的作用。短视频标题通常会与 tag（标签）一起在短视频平台中呈现，如图 1-24 所示。

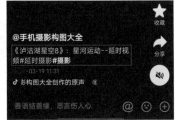

图 1-24　短视频标题文案的呈现方式

因此，用户在使用 ChatGPT 生成短视频标题文案时，需要在关键词中提到连同 tag（标签）一起生成。本小节介绍使用 ChatGPT 生成短视频标题文案的具体操作方法。

步骤 01 直接在 ChatGPT 的输入框中输入需求，如输入"提供一个主题为好书分享的短视频标题文案，并添加 tag（标签）"，生成的回复如图 1-25 所示。可以看出，ChatGPT 按照要求提供了中规中矩的文案参考。

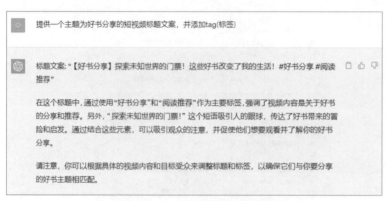

图 1-25 ChatGPT 生成的短视频标题文案

步骤 02 对 ChatGPT 生成的标题文案提出修改要求，在输入框中输入"短视频标题文案的要求：1. 突出受众痛点；2. 能够快速吸引人的眼球，并使受众产生观看视频内容的兴趣。根据要求重新提供标题文案"，生成的回复如图 1-26 所示。

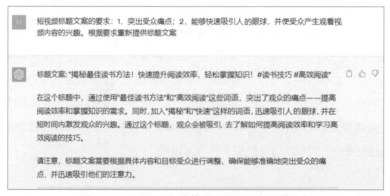

图 1-26 ChatGPT 生成修改后的短视频标题文案

步骤 03 让 ChatGPT 根据某一个短视频平台的特性和受众需求，生成标题文案，如输入"抖音上的短视频标题文案通常是'如果只能给你们推荐一本书，那么我会推荐这本''这本书可以帮你找到成长的答案''钝感是种能力，需要刻意练习（引用书中的话）'等语言风格。请按照抖音上的文案写法，重新提供一个标题文案"，生成的回复如图 1-27 所示，使标题文案更加实用。

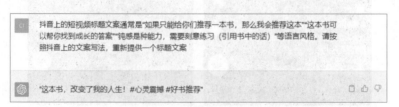

图 1-27 ChatGPT 生成更加实用的短视频标题文案

1.5 生成5种不同的短视频文案

掌握了 ChatGPT 的使用方法后，用户可以使用 ChatGPT 生成创意丰富的短视频脚本文案，创作吸引人的短视频内容，本节介绍一些相关技巧。

1.5.1 生成情感共鸣类短视频文案

情感共鸣类短视频文案指描述情感类视频内容，且能够引起受众共鸣的文字。通常情况下，情感共鸣类短视频会以图文的形式呈现，因此其文案的重点在于标题文案，打造有吸引力、能引起受众共鸣的标题文案是确定情感共鸣类短视频文案的关键。下面介绍使用 ChatGPT 生成情感共鸣类短视频文案的操作方法。

步骤 01 在 ChatGPT 的输入框中输入对话前提，如输入"情感共鸣类短视频文案指描述情感类视频内容，且能够引起受众共鸣的文字。提供 5 个情感共鸣类短视频文案示例"，确定 ChatGPT 是否了解情感共鸣类短视频文案，生成的回复如图 1-28 所示。

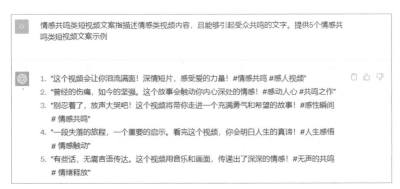

图 1-28　ChatGPT 生成的情感共鸣类短视频文案示例

步骤 02 矫正 ChatGPT 的语言风格，如输入"用更温馨、给人治愈感的语气，字数控制在 20 字以内，再添加 tag（标签）"，让 ChatGPT 生成更有参考价值的文案，生成的回复如图 1-29 所示。

图 1-29　ChatGPT 生成优化后的情感共鸣类短视频文案

步骤 03 让 ChatGPT 生成正式的情感共鸣类短视频文案，如输入"用上述文案风格，提供主题为高考加油的励志类文案，要积极向上、振奋人心"，ChatGPT 生成的回复如图 1-30 所示。

图 1-30　ChatGPT 生成正式的情感共鸣类短视频文案

1.5.2　生成互动体验类短视频文案

互动体验类短视频文案指在短视频中用于描述、引导和激发受众参与互动的文字内容。其最主要的目的是吸引受众的注意力，并引导受众积极参与短视频中的活动。使用 ChatGPT 生成互动体验类短视频文案，需要输入具体的需求和恰当的关键词进行引导，详细的操作步骤如下。

步骤 01　在 ChatGPT 的输入框中输入对话前提，如输入"提供互动体验类短视频文案示例"，确认 ChatGPT 是否了解互动体验类短视频文案，生成的回复如图 1-31 所示。可以看出，ChatGPT 给出了能够引导受众参与互动的文案。

图 1-31　ChatGPT 生成的互动体验类短视频文案示例

步骤 02　在 ChatGPT 的输入框中输入具体需求，如输入"用互动体验类短视频文案的写法，为宣传新开业的密室逃脱店铺提供一篇完整的短视频文案，字数为 150-300 字"，生成的回复如图 1-32 所示。

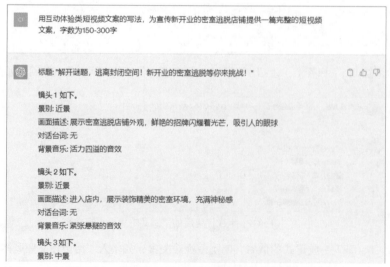

图 1-32　ChatGPT 生成正式的互动体验类短视频文案

画面描述: 主持人形象出现在屏幕中央, 充满魅力地介绍密室逃脱游戏的规则和挑战
对话台词: 欢迎来到我们全新开业的密室逃脱! 在这个封闭空间中, 你将面临一系列
的谜题和任务, 需要团队合作、智慧和冷静才能成功逃离。你敢来挑战吗?
背景音乐: 活力四溢的音效

镜头 4 如下。
景别: 近景
画面描述: 展示游客们正在密室中紧张地寻找线索、解开谜题的场景
对话台词: 无
背景音乐: 紧张悬疑的音效

镜头 5 如下。
景别: 近景
画面描述: 展示成功逃离密室的游客们的兴奋和喜悦表情
对话台词: 无
背景音乐: 欢快的胜利音效

镜头 6 如下。
景别: 近景
画面描述: 主持人再次出现在镜头前, 兴奋地和观众互动
对话台词: 看到了吗? 逃脱成功的喜悦就在这里! 快来我们新开业的店铺, 和你的好
友们一起解开谜题, 体验刺激的密室逃脱!
背景音乐: 活力四溢的音效

镜头 7 如下。
景别: 远景
画面描述: 展示店铺外的队伍排队等候的场景, 人们充满期待地等待着
对话台词: 无
背景音乐: 欢快的背景音乐

结尾如下。
对话台词: 主持人: 不要错过这个绝佳的机会! 快来我们新开业的店铺, 挑战密室逃脱, 解开
谜题, 释放你的智慧和勇气! 赶紧约上你的朋友, 一起度过一段充满惊喜和刺激的时光吧!
背景音乐: 欢快的背景音乐

标签如下。
#密室逃脱挑战 #解谜游戏 #团队合作 #脱离封闭空间 #新开业店铺 #刺激体验 #智慧与勇气
#解锁谜题 #挑战极限 #密室探险

图 1-32　ChatGPT 生成正式的互动体验类短视频文案（续）

　　用户获得 ChatGPT 生成的文案之后，可以对文案的语言风格、内容结构等进行优化调整，并引导
ChatGPT 生成与视频主题相契合的分镜头脚本文案。

1.5.3　生成情节叙事类短视频文案

　　情节叙事类短视频文案指以讲故事的形式来描述短视频内容的文字。这类文案通常用于协助镜头语
言呈现现实生活或反衬、映射现实生活，以讲故事的方式引人入胜。

　　情节叙事类短视频文案的内容包括但不限于亲情故事、爱情故事、友情故事等关乎人类情感的故事。
如今，在各大短视频平台中，最为热门的情节叙事类短视频文案多是创作者虚构的爱情故事，将其作为
视频脚本，用镜头的方式呈现出来。

　　用户使用 ChatGPT 生成情节叙事类短视频文案时，可以先让 ChatGPT 虚构一个故事，再让 ChatGPT
将故事改成视频脚本，具体的操作步骤如下。

　　步骤 01 让 ChatGPT 虚构一个故事，如在输入框中输入"提供一个关于男女主邂逅的故事，包括比
　　　　　　较独特的场景、人物对话和心理独白，字数控制在 200 字以内"，ChatGPT 生成的回复如
　　　　　　图 1-33 所示。

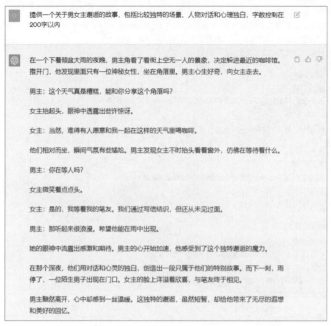

图 1-33 ChatGPT 虚构的故事

步骤 02 让 ChatGPT 将所虚构的故事改为视频脚本，如在输入框中输入"将上述故事用镜头脚本的方式呈现。镜头脚本要以表格的形式呈现以下内容：分镜序号、景别、画面描述、对话台词（包括人物对话时的动作、语言、神态等，越详细越好）、背景音乐（给出具体的歌曲名称）"，ChatGPT 生成的回复如图 1-34 所示。可以看出，ChatGPT 对景别的理解和对背景音乐的把控不够准确，因此其生成的脚本只能作为参考。

将上述故事用镜头脚本的方式呈现。镜头脚本要以表格的形式呈现以下内容：分镜序号、景别、画面描述、对话台词（包括人物对话时的动作、语言、神态等，越详细越好）、背景音乐（给出具体的歌曲名称）

分镜序号	景别	画面描述	对话台词	背景音乐
1	外景 - 街道	下着倾盆大雨，街道上空无一人	无对话台词	无背景音乐
2	内景 - 咖啡馆	咖啡馆内只有男主和女主，男主走向女主	男主：这个天气真是糟糕，能和你分享这个角落吗？	无背景音乐
3	内景 - 咖啡馆	男主坐在女主对面。女主抬起头，表情惊讶	女主：当然，难得有人愿意和我一起在这样的天气里喝咖啡。	无背景音乐
4	内景 - 咖啡馆	男主和女主对视，气氛尴尬	男主：你在等人吗？	无背景音乐
5	内景 - 咖啡馆	女主微笑点头	女主：是的，我等着我的笔友。我们通过写信结识，但还从未见过面。	无背景音乐
6	内景 - 咖啡馆	男主表情温暖	男主：那听起来很浪漫。希望他能在雨中出现。	无背景音乐
7	内景 - 咖啡馆	女主眼神中流露出感激和期待	无对话台词	轻柔的钢琴曲 "River Flows in You" - Yiruma
8	外景 - 咖啡馆门口	雨停了，一位陌生男子出现在门口	无对话台词	无背景音乐
9	内景 - 咖啡馆	女主脸上洋溢着欣喜，与笔友终于相见	无对话台词	轻快的乐曲 "Can't Help Falling in Love" - Elvis Presley
10	内景 - 咖啡馆	男主黯然离开，心中却感到一丝温暖	无对话台词	无背景音乐

图 1-34 ChatGPT 生成情节叙事类短视频文案

1.5.4 生成干货分享类短视频文案

干货分享类短视频文案指在短视频内进行知识分享、实用性技能传授的文字描述，能够帮助受众丰富知识、提高能力，或解决问题。这类文案的呈现形式可以是图文视频，也可以是口播视频。本小节以口播视频为例，介绍使用 ChatGPT 生成干货分享类短视频文案的操作方法。

步骤 01 在 ChatGPT 的输入框中输入对话前提，如输入"提供完整的口播短视频脚本文案示例"，确认 ChatGPT 是否了解口播短视频脚本文案的写法，ChatGPT 生成的回复如图 1-35 所示。

图 1-35　ChatGPT 生成的回复

步骤 02 赋予 ChatGPT 以身份，让 ChatGPT 从专业角度进行知识分享。在输入框中输入"你是一名收纳师，现在需要你分享一些专业的收纳技能，以口播短视频脚本文案的方式来分享"，生成的干货分享类短视频文案如图 1-36 所示。

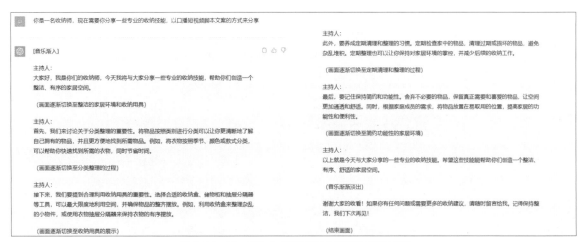

图 1-36　ChatGPT 生成的干货分享类短视频文案

可以看出，ChatGPT 按照要求生成了满足需求的干货分享类口播短视频文案，并且针对拍摄画面提供了参考意见，具有一定的实用性。

1.5.5 生成影视解说类短视频文案

影视解说类短视频文案指对简要介绍电影、电视剧情节的短视频内容进行描述的文字。这类文案一般用语幽默、简洁、具有概括性，剧情解析高度凝练，并用最短的时间、以最快的速度传达给观众。本小节介绍使用 ChatGPT 生成影视解说类短视频文案的操作方法。

步骤 01 为了确保 ChatGPT 了解影视解说类短视频文案，在输入框中输入"影视解说类短视频文案是什么"，ChatGPT 生成的回复如图 1-37 所示。

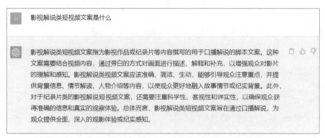

图 1-37　ChatGPT 生成的影视解说类短视频文案的释义

步骤 02 让 ChatGPT 生成正式的影视解说类短视频文案，在输入框中输入"提供影视解说类短视频文案，主题为简要概括《老友记》第 1、2 集的情节，要用吸引人、幽默的语言来概括，字数在 300 字以内"，ChatGPT 生成的回复如图 1-38 所示。

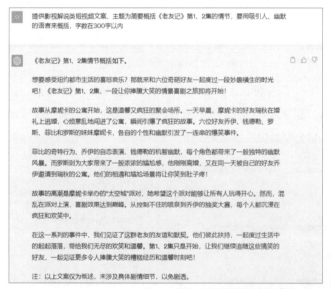

图 1-38　ChatGPT 生成正式的影视解说类短视频文案

第 2 章 剪映 AI 生成：
用文案和文章链接生成视频

　　剪映电脑版有"图文成片"功能，可以根据用户提供的文本内容智能匹配素材、背景音乐和朗读音频，快速生成视频。本章主要介绍使用剪映电脑版的"图文成片"功能快速根据文本生成视频的操作技巧，具体包括使用 ChatGPT 生成文案，进而生成视频的方法，以及使用文章链接生成视频的方法。

2.1 使用 AI 文案生成视频

要想快速制作一个热门短视频，可以灵活使用 ChatGPT 与剪映这两个工具，用 ChatGPT 快速生成文案，用剪映的"图文成片"功能快速生成视频，既方便，又高效。本节以制作一个手机摄影教程短视频为例，讲解使用 ChatGPT + 剪映的"图文成片"功能生成短视频的方法。

2.1.1 使用 ChatGPT 快速生成文案

在制作手机摄影教程短视频之前，用户需要使用 ChatGPT 快速生成需要的手机摄影教程内容，具体操作方法如下。

步骤 01 打开 ChatGPT 的聊天窗口，单击底部的输入框，在其中输入"请给我 10 个有关手机摄影技巧的短视频标题"后，单击输入框右侧的发送按钮 ⊲ 或按【Enter】键，ChatGPT 即可根据要求生成 10 个有关手机摄影技巧的短视频标题，如图 2-1 所示。

图 2-1　ChatGPT 生成的 10 个短视频标题

步骤 02 用户可以选择一个标题，让 ChatGPT 继续生成对应的文案。例如，在输入框中输入"写一篇关于'手机拍摄技巧'的文案，要求逻辑清晰，通俗易懂"，按【Enter】键，ChatGPT 即可根据该要求生成一篇文案，如图 2-2 所示。

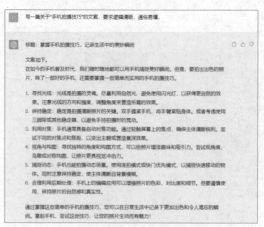

图 2-2　ChatGPT 生成的文案

步骤 03 到这里，ChatGPT 的工作就完成了，接下来，全选 ChatGPT 回复的文案内容，右击鼠标，在弹出的快捷菜单中选择"复制"选项，如图 2-3 所示，复制 ChatGPT 生成的文案内容，并粘贴到其他应用中进行适当的修改。

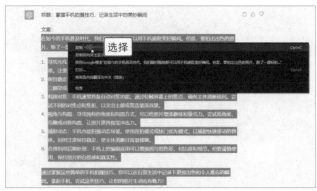

图 2-3　选择"复制"选项

用户可以将 ChatGPT 生成的文案内容复制并粘贴到一个 Word 文档或记事本中，并根据需求对文案进行修改和调整。

2.1.2 使用"图文成片"功能生成视频

效果展示 用户使用 ChatGPT 生成需要的文案后，可以在剪映电脑版中使用"图文成片"功能快速生成想要的视频效果，效果如图 2-4 所示。

图 2-4　效果展示

下面介绍在剪映电脑版中使用"图文成片"功能生成视频的具体操作方法。

步骤 01 打开剪映电脑版，在首页单击"图文成片"按钮，如图 2-5 所示，即可弹出"图文成片"面板。

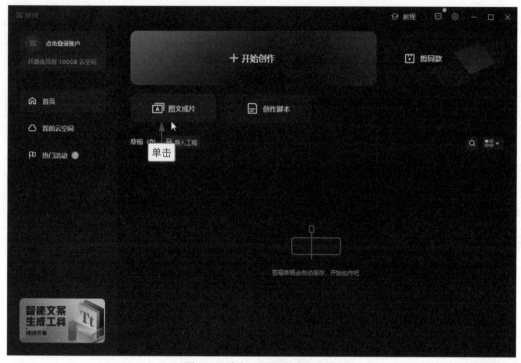

图 2-5　单击"图文成片"按钮

步骤 02 打开记事本，全选文案内容后，单击"编辑" | "复制"命令，如图 2-6 所示。

步骤 03 在"图文成片"面板中输入标题内容后，按【Ctrl + V】组合键将复制的文案粘贴在下方的文字窗口中，如图 2-7 所示。

图 2-6　单击"复制"命令

图 2-7　将文案粘贴在文字窗口中

步骤 04 使用剪映的"图文成片"功能，可以自动为视频配音。用户可以选择自己喜欢的音色，如设置"朗读音色"为"阳光男生"，如图 2-8 所示。

步骤 05 单击图 2-8 中右下角的"生成视频"按钮，即可开始生成视频，并显示视频生成进度，如图 2-9 所示。

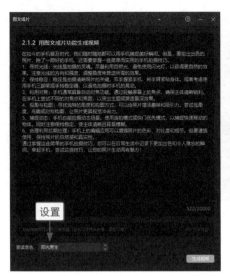

图 2-8 设置"朗读音色"为"阳光男生"　　　图 2-9 显示视频生成进度

步骤 06 稍等片刻，即可进入剪映的视频剪辑界面。在视频轨道中，可以查看剪映自动生成的短视频缩略图，如图 2-10 所示。选择第 1 段文本，在"文本"操作区中设置一个字体，即可更改视频字幕的字体效果。

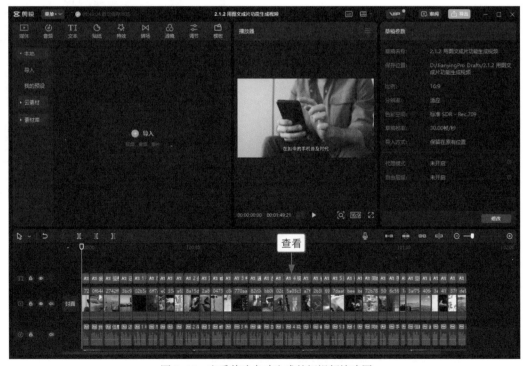

图 2-10 查看剪映自动生成的短视频缩略图

步骤 07 单击界面右上角的"导出"按钮，如图 2-11 所示。

步骤 08 弹出"导出"对话框，单击"导出至"右侧的文件夹按钮，如图 2-12 所示。

图 2-11　单击"导出"按钮

图 2-12　单击文件夹按钮

步骤 09　弹出"请选择导出路径"对话框，设置视频的保存位置，如图 2-13 所示。设置完成后，单击"选择文件夹"按钮，返回"导出"对话框。

步骤 10　在"视频导出"选项区中，单击"分辨率"选项右侧的下拉按钮，在弹出的列表框中选择 720P 选项，如图 2-14 所示，降低视频的分辨率，减少视频占用的内存。

图 2-13　设置视频的保存位置

图 2-14　选择 720P 选项

　　视频的分辨率越高，占用的内存越大。因此，用户可以在导出视频时通过降低视频的分辨率来减少视频占用的内存。不过，分辨率太低会导致视频的画面模糊，影响观感，用户要谨慎调整视频的分辨率。

步骤 11　在图 2-14 中可以看到，在"导出"对话框中，"视频导出"复选框和"字幕导出"复选框是默认被勾选的，这意味着将会同时导出视频效果和字幕文件，如果用户不需要导出字幕文件，可以取消勾选"字幕导出"复选框，如图 2-15 所示。

步骤 12　单击图 2-15 中右下角的"导出"按钮，即可开始导出视频，并显示导出进度，如图 2-16 所示。导出完成后，即可在设置的导出路径文件夹中查看视频。

图 2-15　取消勾选"字幕导出"复选框　　　　图 2-16　显示视频导出进度

2.2　使用文章链接生成视频

借助剪映电脑版的"图文成片"功能，除了可以使用文本生成视频，还可以使用文章链接生成视频。目前，"图文成片"功能只支持使用头条号和悟空问答的文章链接，用户将复制的文章链接粘贴到对应的文本框中，单击"获取文字内容"按钮，即可自动提取文章中的文本。本节以头条号文章为例，介绍复制文章链接和快速生成视频的操作方法。

2.2.1　复制文章链接

想使用文章链接生成视频，用户需要先选好文章，再复制文章的链接。下面介绍在今日头条网页版中搜索文章并复制文章链接的具体操作方法。

步骤 01　在浏览器中搜索并进入今日头条官网后，用户可以通过搜索创作者，进入其个人主页查找文章，也可以通过直接搜索文章标题或关键词来查找文章。这里以直接搜索文章标题为例进行介绍，在搜索框中输入文章标题"学摄影最重要的是什么"，如图 2-17 所示，单击 🔍 按钮，即可进行搜索。

步骤 02　在"头条搜索"页面中，用户可以查看搜索结果。单击目标文章的标题，如图 2-18 所示，即可进入文章详情页面，查看目标文章。

步骤 03　将鼠标移至文章详情页面左侧的"分享"按钮上，在弹出的列表框中选择"复制链接"选项，如图 2-19 所示，即可弹出"已复制文章链接，去分享吧"的提示，完成对文章链接的复制。

图 2-17　输入文章标题

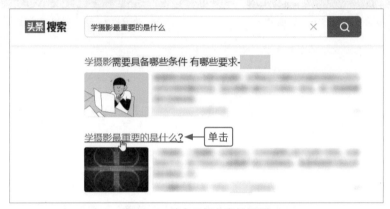

图 2-18　单击目标文章的标题

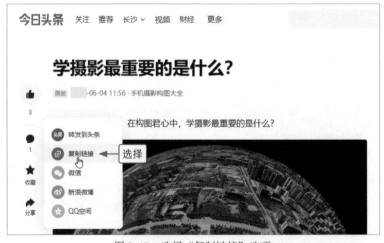

图 2-19　选择"复制链接"选项

2.2.2　粘贴文章链接并生成视频

效果展示　用户将复制的文章链接粘贴到"图文成片"面板中后，可以借助 AI 提取文章内容并生成视频，效果如图 2-20 所示。

图 2-20　效果展示

下面介绍在剪映电脑版中粘贴文章链接并生成视频的具体操作方法。

步骤 01 在剪映首页单击"图文成片"按钮，即可打开"图文成片"面板。按【Ctrl + V】组合键，将复制的文章链接粘贴在文本框中后，单击文本框右侧的"获取文字内容"按钮，如图 2-21 所示。

步骤 02 稍等片刻，即可获取文章的文字内容，所有文字内容会自动填写到标题位置和文本框中。为了让生成的视频效果更佳，用户可以对标题内容和文本内容进行单击修改，如图 2-22 所示。

图 2-21　单击"获取文字内容"按钮

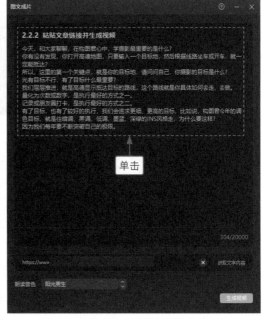

图 2-22　单击修改标题内容和文本内容

步骤 03 单击图 2-22 中右下角的"生成视频"按钮，稍等片刻，即可完成视频的生成，并进入视频编辑界面。在视频编辑界面，用户可以预览视频效果，也可以根据需要对视频效果进行调整，比如为字幕添加标点符号、设置字幕的字体。选择第 1 段文本，切换至 "文本" 操作区的 "基础" 选项卡，在文本的适当位置添加一个逗号，并设置相应的字体，如图 2-23 所示。

步骤 04 系统会根据修改后的文本内容重新生成朗读音频，并弹出 "文本朗读更新中" 提示框，如图 2-24 所示。

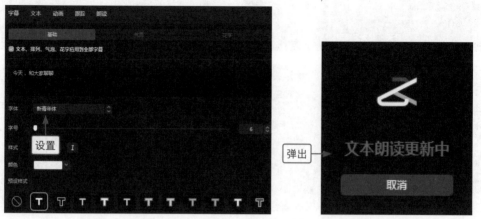

图 2-23 设置文本　　　　　　　图 2-24 "文本朗读更新中" 提示框

步骤 05 用与上述方法同样的方法，为目标文本添加标点符号，以优化视频的字幕效果，如图 2-25 所示。优化完成后，将视频导出即可。

图 2-25 优化字幕效果

第 3 章　腾讯智影 AI 生成：
智能创作文本与视频

腾讯智影有"文章转视频"功能，可以借助 AI 匹配，根据用户输入的文案生成视频。本章主要介绍在腾讯智影中根据文本生成视频的方法，包括使用"AI 创作"功能生成文案和视频、先使用 ChatGPT 生成文案再使用腾讯智影生成视频、使用 ChatGPT + Midjourney + 腾讯智影生成并优化文案和视频。

3.1 使用"AI创作"功能生成文案和视频

为了满足用户的创作需求，腾讯智影提供"文章转视频"功能，帮助用户快速生成视频。为了降低文案创作的门槛，"文章转视频"功能支持 AI 创作，用户可以先使用"AI 创作"功能生成视频文案，再借助视频文案生成相应的视频。

3.1.1 使用"AI 创作"功能生成视频文案

腾讯智影提供的"AI 创作"功能有使用次数限制，普通用户每天可以免费使用 5 次，因此，用户最好在进行文案创作前确定视频主题。下面介绍 AI 创作视频文案的具体操作方法。

步骤 01 在浏览器中搜索并进入腾讯智影官网，单击页面中的"立即体验"按钮，如图 3-1 所示。

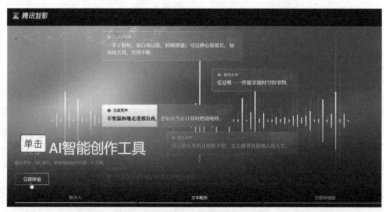

图 3-1 单击"立即体验"按钮

步骤 02 执行操作后，弹出登录对话框，如图 3-2 所示，腾讯智影支持微信登录、手机号登录、QQ 登录和账号密码登录这 4 种登录方式，用户可以随意选择。

图 3-2 登录对话框

以微信登录为例，用户打开微信 App，点击首页右上角的 ⊕ 按钮，在弹出的列表框中选择"扫一扫"选项，进入"扫一扫"界面，将摄像头对准二维码进行扫描，并根据指示进行操作，即可完成登录。

步骤 03 登录后，进入腾讯智影的"创作空间"页面，在"智能小工具"板块中单击"文章转视频"按钮，如图 3-3 所示。

图 3-3　单击"文章转视频"按钮

步骤 04 执行操作后，进入"文章转视频"页面，在"请帮我写一篇文章，主题是"下方的文本框中输入文案主题后，单击右侧的"AI 创作"按钮，如图 3-4 所示。

图 3-4　单击"AI 创作"按钮

步骤 05 执行操作后，弹出创作进度提示框，稍等片刻，即可查看生成的视频文案，如图 3-5 所示。

图 3-5　生成的视频文案

　　AI 还处于成长阶段，生成文案时可能会出现不符合要求的情况，比如，要求字数在 100 字以内，但文案字数超过了 100 字。遇到这种情况时，用户可以借助 AI 对已生成的文案进行改写、扩写或缩写，也可以手动对文案内容进行调整和修改。如果用户对生成的文案不满意，还可以单击"撤销"按钮，撤销已生成的文案，重新生成。

3.1.2　使用"文章转视频"功能生成视频

效果展示　在"文章转视频"页面中，用户使用"AI 创作"功能得到视频文案后，可以使用文案直接生成视频，效果如图 3-6 所示。

图 3-6　效果展示

下面介绍在腾讯智影中使用"文章转视频"功能生成视频的具体操作方法。

步骤 01　得到文案后，用户可以在"文章转视频"页面中对视频的成片类型、视频比例、背景音乐、数字人播报和朗读音色进行设置，例如，在"朗读音色"板块中单击显示的朗读音色头像，如图 3-7 所示。

图 3-7　单击显示的朗读音色头像

步骤 02 执行操作后，弹出"朗读音色"对话框，在"全部场景"选项卡中选择"云依"音色，单击"确定"按钮，如图 3-8 所示，即可更改视频的朗读音色。

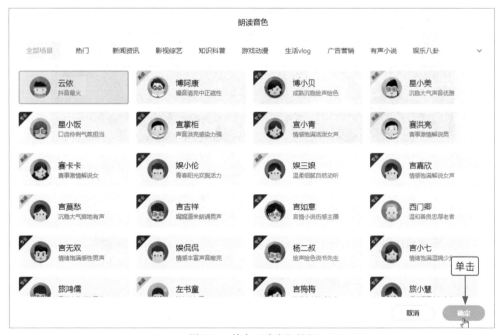

图 3-8　单击"确定"按钮

步骤 03 单击图 3-7 中右下角的"生成视频"按钮，开始自动生成视频并显示生成进度。稍等片刻，即可进入视频编辑页面，查看视频效果，如图 3-9 所示。

图 3-9　查看视频效果

步骤 04 如果用户对效果满意，可以单击图 3-9 中页面上方的"合成"按钮，在弹出的"合成设置"对话框中修改视频名称后，保持其他设置不变，单击"合成"按钮，如图 3-10 所示。

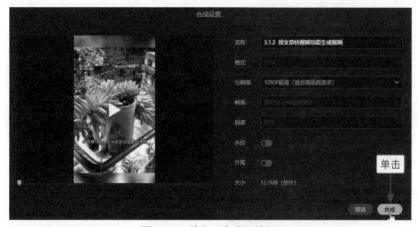

图 3-10　单击"合成"按钮

步骤 05 执行操作后，进入"我的资源"页面，视频缩略图上会显示合成进度。合成结束后，将鼠标移动至视频缩略图上，单击下载按钮，如图 3-11 所示。

图 3-11　单击下载按钮

步骤 06 执行操作后，弹出"新建下载任务"对话框，单击"下载"按钮，如图 3-12 所示，即可将视频下载到本地文件夹中。

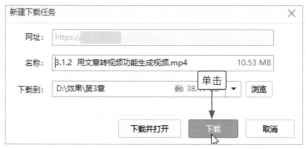

图 3-12 单击"下载"按钮

3.2 使用ChatGPT + 腾讯智影生成文案和视频

除了使用腾讯智影自带的"AI 创作"功能生成文案，用户也可以先使用 ChatGPT 生成视频文案，再将生成的文案复制并粘贴至腾讯智影"文章转视频"页面的文本框中生成视频。本节介绍使用 ChatGPT 生成文案并使用腾讯智影生成视频的操作方法。

3.2.1 使用 ChatGPT 生成文案

使用 ChatGPT 生成视频文案时，用户可以先试探 ChatGPT 对关键词的了解程度，再让 ChatGPT 根据关键词生成贴切的文案，具体操作方法如下。

步骤 01 打开 ChatGPT 聊天窗口，单击底部的输入框，在其中输入"你了解北极熊吗？"后，单击输入框右侧的发送按钮 或按【Enter】键，即可获得 ChatGPT 的回复，如图 3-13 所示。

图 3-13 ChatGPT 关于北极熊的回复

步骤 02 输入"以'北极熊'为主题,创作一篇短视频文案",按【Enter】键,ChatGPT 即可根据该要求生成一篇文案,如图 3-14 所示。

图 3-14 ChatGPT 生成的文案

步骤 03 到这里,ChatGPT 的工作就完成了。接下来,用户可以全选 ChatGPT 回复的文案内容,右击鼠标,在弹出的快捷菜单中选择"复制"选项,如图 3-15 所示,复制 ChatGPT 生成的文案内容,并进行适当的修改。

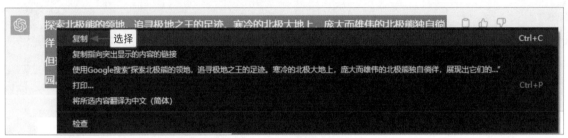

图 3-15 选择"复制"选项

3.2.2 粘贴文案并生成视频

效果展示 用户将 ChatGPT 生成的文案粘贴至腾讯智影中的文本框中,单击"生成视频"按钮,稍等片刻,即可完成视频制作,视频效果如图 3-16 所示。

图 3-16 效果展示

下面介绍在腾讯智影中粘贴文案并生成视频的具体操作方法。

步骤 01 进入"文章转视频"页面,在文本框内的空白位置右击鼠标,在弹出的快捷菜单中选择"粘贴"选项,如图 3-17 所示,即可将复制的文案粘贴至文本框中。

图 3-17　选择"粘贴"选项

步骤 02 单击页面右下角的"生成视频"按钮，如图 3-18 所示，即可开始生成视频。

图 3-18　单击"生成视频"按钮

步骤 03 稍等片刻，即可进入视频编辑页面，查看视频效果，如图 3-19 所示。

图 3-19　查看视频效果

步骤 04 如果用户不需要修改视频，可以单击图 3-19 中页面上方的"合成"按钮，在弹出的"合成设置"对话框中修改视频名称，如图 3-20 所示，随后，单击"合成"按钮，对视频进行合成，合成结束后，在"我的资源"页面的视频缩略图中单击下载按钮 ↓，将视频下载到本地即可。

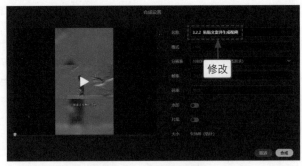

图 3-20 修改视频名称

3.3 使用Midjourney优化视频效果

如果用户对生成的视频不满意，可以在生成视频后上传自己的素材替换部分视频内容；如果用户不知道该去哪里搜集素材，可以使用 Midjourney 生成素材，这样获得的素材既能保证美观度，又能充分满足用户的需求。

3.3.1 使用 ChatGPT 生成文案

使用 ChatGPT 生成视频文案不仅降低了短视频文案创作的门槛，还可以节省用户的时间和精力。下面介绍用 ChatGPT 生成文案的具体操作方法。

步骤 01 打开 ChatGPT 聊天窗口，输入"你了解金毛犬吗"，确认 ChatGPT 对金毛犬的了解程度，获得的回复如图 3-21 所示。

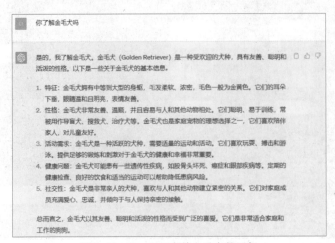

图 3-21 ChatGPT 有关金毛犬的回复

步骤 02 输入"以'金毛犬'为主题，创作一篇短视频文案，要求：描述具体，50 字以内"，按【Enter】键，ChatGPT 即可根据该要求生成一篇文案，如图 3-22 所示。

图 3-22 ChatGPT 生成的文案

步骤 03 到这里，ChatGPT 的工作就完成了。接下来，用户可以全选 ChatGPT 回复的文案内容，右击鼠标，在弹出的快捷菜单中选择"复制"选项，如图 3-23 所示，复制 ChatGPT 生成的文案内容，并进行适当的修改。

图 3-23 选择"复制"选项

3.3.2 使用 Midjourney 生成视频素材

Midjourney 是一个依托人工智能技术进行图像生成和图像编辑的 AI 绘画工具，用户可以在其中输入文字、图片等内容，让机器自动生成符合要求的 AI 作品。下面介绍用 Midjourney 生成视频素材的具体操作方法。

步骤 01 登录 Midjourney 官网，在输入框内输入"/"（正斜杠符号），在弹出的列表框中选择 /imagine 指令，如图 3-24 所示。

图 3-24 选择 /imagine 指令

步骤 02 在 /imagine 指令后方的文本框中输入关键词后按【Enter】键确认，即可看到 Midjourney
Bot（机器人）开始工作，并显示绘图进度，如图 3-25 所示。

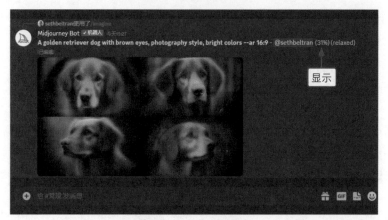

图 3-25　显示绘图进度

步骤 03 稍等片刻，Midjourney 将生成 4 张满足关键词要求的图片，如果用户对于 4 张图片中的某张
图片感到满意，可以使用 U1 至 U4 按钮进行选择，例如，单击"U2"按钮，如图 3-26 所示。

图 3-26　单击"U2"按钮

步骤 04 执行操作后，Midjourney 将在第 2 张图片的基础上进行更加精细的刻画，并放大图片，如
图 3-27 所示。

图 3-27　放大第 2 张图片

如果用户要使用图片制作视频，需要提前将图片保存到本地。首先，单击图片，在放大的图片左下角单击"在浏览器中打开"链接，在新的标签页中打开图片。然后，在图片上右击鼠标，在弹出的快捷菜单中选择"图片另存为"选项，打开"另存为"对话框。最后，设置图片的保存位置和文件名，单击"保存"按钮，如图 3-28 所示，将图片保存到本地文件夹中。

图 3-28　单击"保存"按钮

如果用户想了解更多有关 Midjourney 绘画的技巧，可以前往 5.4 节进行学习。

3.3.3　生成视频并替换素材

效果展示　用户获得视频文案和素材后，可以先用"文章转视频"功能生成视频框架，再通过替换素材来获得满意的视频效果，如图 3-29 所示。

图 3-29　效果展示

下面介绍在腾讯智影中生成视频并替换素材的具体操作方法。

步骤 01　进入"文章转视频"页面，在文本框中粘贴已复制的文案，并设置"视频比例"为"横屏"、"朗读音色"为"康哥"，如图 3-30 所示。设置完成后，单击"生成视频"按钮，即可开始进行视频的生成。

步骤 02　稍等片刻，即可进入视频编辑页面，查看视频效果。可以看到，生成的视频各项要素都很齐全，用户只需要替换素材，即可获得一个完整的视频。在开始替换素材之前，用户需要上传素材，单击"当前使用"选项卡中的"本地上传"按钮，如图 3-31 所示。

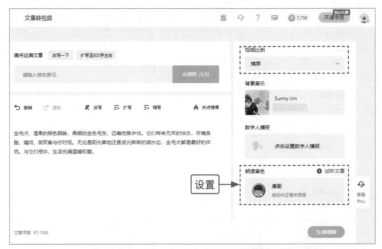

图 3-30　设置"视频比例"和"朗读音色"

图 3-31　单击"本地上传"按钮

步骤 03　执行操作后，弹出"打开"对话框。在"打开"对话框中选择要上传的所有素材后，单击"打开"按钮，如图 3-32 所示，即可对素材进行上传。

步骤 04　素材上传完成后，即可开始进行素材替换。在视频轨道中的第 1 段素材上单击"替换素材"按钮，如图 3-33 所示。

图 3-32　单击"打开"按钮

图 3-33　单击"替换素材"按钮

步骤 05 执行操作后，弹出"替换素材"面板，在"我的资源"选项卡中选择要替换的素材，如图 3-34 所示。

图 3-34 选择要替换的素材

步骤 06 执行操作后，即可预览素材的替换效果。如替换效果满足要求，单击"替换"按钮，如图 3-35 所示，即可完成替换。

步骤 07 用与上述方法同样的方法按顺序替换素材后，单击"合成"按钮，如图 3-36 所示，即可将视频进行合成并下载到本地文件夹中。

图 3-35 单击"替换"按钮

图 3-36 单击"合成"按钮

第 4 章　一帧秒创 AI 生成：
文案帮写与智能编辑功能

　　一帧秒创是 AI 内容生成平台之一，能够帮助用户快速生成、处理所需要的内容。本章主要介绍使用一帧秒创的 "AI 帮写" 功能和 "文章转视频" 功能生成文案和视频的操作方法，以及 "智能横转竖" 功能、"视频去水印" 功能和 "视频裁切" 功能等 3 个 AI 功能的使用方法。

4.1 使用AI生成视频

在一帧秒创中，用户可以完成使用文本生成视频的所有操作，先使用"AI 帮写"功能生成文案，再选择文案进行视频生成即可。如果用户对视频效果有自己的想法，可以对视频素材进行替换，让视频更符合需求。

4.1.1 使用"AI 帮写"功能生成文案

用户进入一帧秒创官网后，需要完成登录，才能进入下一级页面，使用相关功能进行文案生成。下面介绍使用"AI 帮写"功能生成文案的具体操作方法。

步骤 01 搜索并进入一帧秒创官网，单击页面右上角的"登录 / 注册"按钮，如图 4-1 所示。

图 4-1　单击"登录 / 注册"按钮

步骤 02 执行操作后，进入登录页面，如图 4-2 所示。一帧秒创提供了手机验证码登录、一帧视频 App 扫码登录和微博登录 3 种登录方式，用户选择适合自己的方式完成登录即可。

图 4-2　登录页面

步骤 03 完成登录后，即可进入一帧秒创首页。单击"AI 帮写"按钮，如图 4-3 所示。

图 4-3　单击"AI 帮写"按钮

步骤 04 进入"AI 帮写"页面，在"说说你想写什么"下方的文本框中输入文案主题后，单击"生成文案"按钮，如图 4-4 所示。

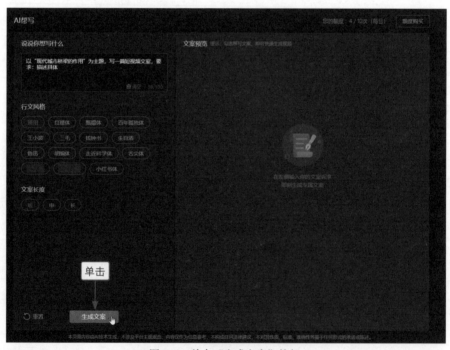

图 4-4　单击"生成文案"按钮

步骤 05 稍等片刻，即可在"文案预览"板块中查看生成的视频文案，如图 4-5 所示。

图 4-5　查看生成的视频文案

　非会员用户每日有 10 次免费使用"AI 帮写"功能的额度，除了单击"生成文案"按钮会消耗额度，在生成的文案下方单击"文案补充""文本润色""文案精简""取标题"按钮中的任意一个，也会消耗每日免费额度。

4.1.2　选取文案后一键生成视频

用户获得文案后，可以直接选取文案，使用"文章转视频"功能进行视频生成。下面介绍在一帧秒创中选取文案后一键生成视频的具体操作方法。

步骤 01　在"AI 帮写"页面的"文案预览"板块中，勾选文案左侧的复选框，单击"生成视频"按钮，如图 4-6 所示。

图 4-6　勾选目标复选框并单击"生成视频"按钮

步骤 02 执行操作后，进入"编辑文稿"页面，系统会自动对文案进行分段，在生成视频时，每一段文案对应一段素材。如果用户不需要对自动分段结果进行调整，单击"下一步"按钮，如图 4-7 所示，即可开始生成视频。

图 4-7 单击"下一步"按钮

步骤 03 稍等片刻，即可进入"创作空间"页面，查看视频效果，如图 4-8 所示。

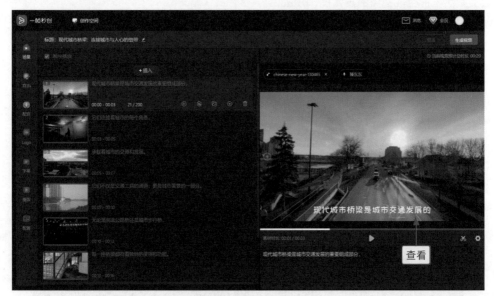

图 4-8 查看视频效果

4.1.3 替换素材并导出成品

效果展示 如果用户想让视频更具独特性，可以用自己的素材替换视频素材，从而获得独一无二的视频效果，如图 4-9 所示。

图 4-9　效果展示

下面介绍在一帧秒创中替换素材并导出成品视频的具体操作方法。

步骤 01　将鼠标移至第 1 段素材上，在右下角显示的工具栏中单击"替换素材"按钮，如图 4-10
　　　　所示。

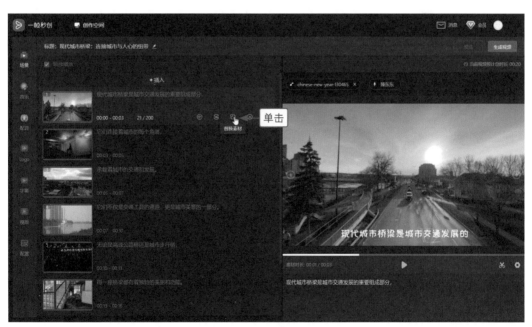

图 4-10　单击"替换素材"按钮

步骤 02　执行操作后，弹出用于选择素材的面板，用户可以在其中选择在线素材、自己上传的素
　　　　材、AI 作画的效果、其他来源的素材、最近使用的素材或收藏的素材替换原素材。如果用
　　　　户要用自己准备的素材替换原素材，需要提前上传素材。切换至"我的素材"选项卡，单
　　　　击页面右上角的"本地上传"按钮，如图 4-11 所示。

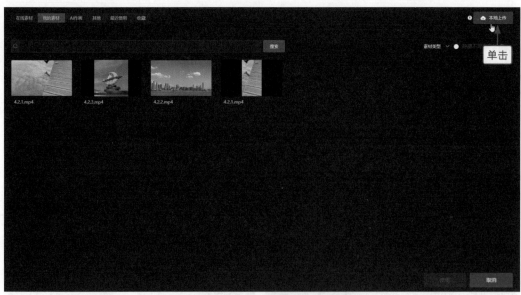

图 4-11 单击"本地上传"按钮

步骤 03 执行操作后,弹出"打开"对话框。选择要上传的素材后,单击"打开"按钮,如图 4-12 所示。返回"我的素材"选项卡,稍等片刻,即可完成素材上传。

图 4-12 单击"打开"按钮

步骤 04 在"我的素材"选项卡中选择已上传的素材,即可在页面右侧预览素材效果。单击"使用"按钮,如图 4-13 所示,即可完成对素材的替换。用同样的方法,上传其他素材,并依次进行替换。

步骤 05 除了替换素材,用户还可以对视频的音乐、配音、字幕等内容进行调整和添加。以更改音乐为例,用户可以在"创作空间"页面的左侧单击"音乐"按钮,进入"音乐"板块后,在"在线音乐" | "欢快"选项卡中单击目标音乐右侧的"使用"按钮,如图 4-14 所示,更改视频的背景音乐。

图 4-13　单击"使用"按钮（1）

图 4-14　单击"使用"按钮（2）

步骤 06　完成对视频的调整后，用户可以将视频导出并下载到本地文件夹中。单击页面右上角的"生成视频"按钮，如图 4-15 所示。

图 4-15　单击"生成视频"按钮

步骤 07　执行操作后，进入"生成视频"页面，修改视频标题并单击"确定"按钮，如图 4-16 所示，即可跳转至"我的作品"页面，开始合成视频。

图 4-16　修改视频标题并单击"确定"按钮

步骤 08 合成结束后，可以在"我的作品"页面中查看视频效果。如果对视频效果满意，将鼠标指针移至视频缩略图上，在下方弹出的工具栏中单击"下载视频"按钮，如图 4-17 所示。

步骤 09 执行操作后，弹出"新建下载任务"对话框，修改视频名称并单击"下载"按钮，如图 4-18 所示，即可将视频下载到本地文件夹中。

图 4-17　单击"下载视频"按钮

图 4-18　修改视频名称并单击"下载"按钮

4.2 使用AI编辑视频

除了可以使用"AI 帮写"功能快速生成文案、使用"文章转视频"功能快速生成视频，一帧秒创还提供多个 AI 视频编辑功能，帮助用户轻松地完成对短视频的处理。本节主要介绍一帧秒创中的"智能横转竖"功能、"视频去水印"功能和"视频裁切"功能的使用方法。

4.2.1 "智能横转竖" 功能

效果展示 "智能横转竖"功能可以帮助用户快速将横版视频转换为竖版视频，满足用户对视频尺寸的要求，前后效果对比如图 4-19 所示。

图 4-19　前后效果对比展示

下面介绍在一帧秒创中使用"智能横转竖"功能进行视频尺寸转换的具体操作方法。

步骤 01　在一帧秒创首页左侧的导航栏中，单击"智能横转竖"按钮，进入"智能横转竖"页面。在"智能横转竖"页面中单击上传按钮 🔼，如图 4-20 所示。

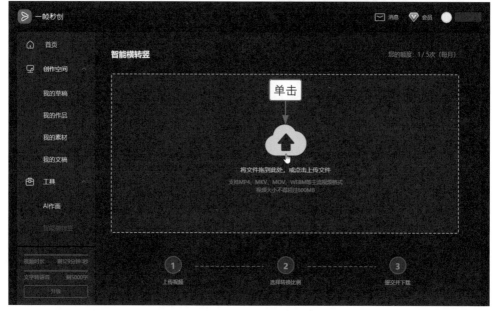

图 4-20　单击上传按钮

步骤 02　执行操作后，弹出"打开"对话框，选择目标素材后单击"打开"按钮，如图 4-21 所示，即可上传视频。

步骤 03　返回"智能横转竖"页面，保持"选择转换画面比例"为 9 : 16，单击"提交"按钮，如图 4-22 所示。

图 4-21　单击"打开"按钮　　　　　　　　　　图 4-22　单击"提交"按钮

步骤 04　执行操作后，页面会显示"提交成功"，单击"去看看"按钮，即可进入"我的素材"页面，查看转换后的视频。将鼠标指针移至视频缩略图上，在下方弹出的工具栏中单击"下载"按钮，如图 4-23 所示。

步骤 05　弹出"新建下载任务"对话框，修改视频名称后，单击"下载到"右侧的"浏览"按钮，如图 4-24 所示。

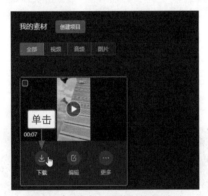

图 4-23　单击"下载"按钮（1）　　　　　　　图 4-24　单击"浏览"按钮

步骤 06　弹出"下载内容保存位置"对话框，设置视频的保存位置后，单击"选择文件夹"按钮，如图 4-25 所示，即可更改保存位置。

步骤 07　返回"新建下载任务"对话框，单击"下载"按钮，如图 4-26 所示，即可将视频保存到本地文件夹中。

图 4-25　单击"选择文件夹"按钮　　　　　　　图 4-26　单击"下载"按钮（2）

4.2.2 "视频去水印"功能

效果展示　使用"视频去水印"功能，可以快速去除视频中的水印或字幕，获得纯净的视频画面，前后效果对比如图 4-27 所示。

图 4-27　前后效果对比展示

下面介绍在一帧秒创中使用"视频去水印"功能去除水印文字的具体操作方法。

步骤 01　在一帧秒创首页左侧的导航栏中，单击"视频去水印"按钮，进入"视频去水印"页面。在"视频去水印"页面中单击上传按钮 ⬆，如图 4-28 所示。

图 4-28　单击上传按钮

步骤 02　执行操作后，弹出"打开"对话框，选择目标视频素材并单击"打开"按钮，将视频上传后，跳转至"去水印"页面。在"去水印"页面中，拖曳并调整预览区域中的选取框，使其覆盖水印文字后，单击"提交"按钮，如图 4-29 所示，对水印文字进行处理。处理完成后，跳转至"我的素材"页面，将成品视频保存到本地文件夹中即可。

图 4-29　调整选取框至合适位置后单击"提交"按钮

4.2.3 "视频裁切"功能

效果展示　"视频裁切"功能与"智能横转竖"功能类似，都可以快速改变视频的尺寸。不过，"视频裁切"功能提供了更多尺寸选择，用户可以在裁切时调整裁切的位置和大小，前后效果对比如图 4-30 所示。

图 4-30　前后效果对比展示

下面介绍在一帧秒创中使用"视频裁切功能"对视频进行裁切的具体操作方法。

步骤 01　在一帧秒创首页单击"更多工具"按钮，进入"工具"页面。在"工具"页面中单击"视频裁切"按钮，如图 4-31 所示。

步骤 02　进入"视频裁切"页面，单击上传按钮 ![上传], 将素材上传后，跳转至"裁切"页面。在"裁切"页面中设置"裁切比例"为 1：1 后，在预览区域调整裁切框的位置，调整完成后单击"提交"按钮，如图 4-32 所示，即可进行视频裁切。

图 4-31　单击"视频裁切"按钮

图 4-32　设置裁切比例并调整裁切位置后单击"提交"按钮

步骤 03　在"我的素材"页面中，可以查看裁切后的视频。将鼠标指针移至视频缩略图上，在下方弹出的工具栏中单击"下载"按钮，即可打开"新建下载任务"对话框。在"新建下载任务"对话框中修改视频名称后单击"下载"按钮，如图 4-33 所示，即可将视频保存到本地文件夹中。

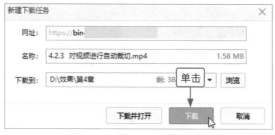

图 4-33　单击"下载"按钮

图片生成视频篇

第 5 章 AI 绘画：
快速生成 AI 视频素材

作为生成 AI 视频的重要素材之一，图片从哪里来？除了亲自拍摄，用户还可以选择使用 AI 绘画平台或工具生成需要的图片素材。本章主要介绍 AI 绘画的基础知识、常用平台与工具，以及文心一格和 Midjourney 这两个热门 AI 绘画平台的使用方法。

5.1 AI绘画的基础知识

AI 绘画指使用人工智能技术生成艺术作品，涵盖了各种技术和方法，包括计算机视觉、深度学习、生成对抗网络（Generative Adversarial Network，GAN）等。依托这些技术，计算机可以模拟艺术风格，生成全新的艺术作品。AI 绘画效果如图 5-1 所示。

图 5-1　AI 绘画效果

 　　与传统的绘画创作不同，AI 绘画的过程和结果依赖于计算机技术和算法，可以为艺术家和设计师带来更高效、更精准、更有创意的绘画创作体验。AI 绘画的优势不仅在于提高创作效率、降低创作成本，更在于能为用户带来更多的创造性和开放性，推动艺术创作的发展。

本节主要介绍 AI 绘画的基础知识，如 AI 绘画的特点、技术原理、应用场景等，帮助大家更好地理解 AI 绘画。

5.1.1 AI 绘画的技术特点

AI 绘画具有快速、高效、自动化等特点，它的技术特点主要在于能够依托人工智能技术和算法对图像进行处理，实现艺术风格的融合和变换，提升用户的绘画创作体验。AI 绘画的技术特点包括以下几个方面。

（1）图像生成：使用生成对抗网络、变分自编码器（Variational Auto-Encoder，VAE）等技术生成图像，实现从零开始创作艺术作品。

（2）风格转换：使用卷积神经网络（Convolutional Neural Networks，CNN）等技术将一张图像由一种风格转换成另一种风格，从而实现多种艺术风格的融合和变换。使用 AI 绘画生成的不同风格的庭院图像如图 5-2 所示，左图为中国风图像，右图为二次元风格的图像。

图 5-2　使用 AI 绘画生成的不同风格的庭院图像

（3）自适应着色：使用图像分割、颜色填充等技术，让计算机自动为线稿或黑白图像添加颜色和纹理，从而实现图像的自适应着色。

（4）图像增强：使用超分辨率（Super-Resolution）、去噪（Noise Reduction Technology）等技术，大幅提高图像的清晰度和质量，使艺术作品更加逼真、精细。对于图像增强技术，后面会有更详细的介绍，此处不再赘述。

　　超分辨率技术是使用硬件或软件提高原有图像的分辨率的技术，以一系列低分辨率的图像为基础，得到一幅高分辨率图像的过程就是超分辨率重建。
　　去噪技术是通信工程术语，是一种从信号中去除噪声的技术。图像去噪就是去除图像中的噪声，从而恢复真实的图像效果。

（5）监督学习和无监督学习：使用监督学习（Supervised Learning）和无监督学习（Unsupervised Learning）等技术，对艺术作品进行分类、识别、重构、优化等处理，可以实现对艺术作品的深度理解和控制。

　　监督学习也称为监督训练或有教师学习，是利用一组已知类别的样本调整分类器的参数，使其达到所要求性能的过程。无监督学习是根据类别未知（没有被标记）的训练样本解决模式识别中各种问题的过程。

5.1.2　AI 绘画的技术原理

前面简单介绍了 AI 绘画的技术特点，下面深入探讨 AI 绘画的技术原理，帮助大家进一步了解 AI 绘画。了解 AI 绘画的技术原理有助于大家更好地理解 AI 绘画是如何实现绘画创作的，以及是如何通过不断学习和优化来提高绘画质量的。

1. 生成对抗网络技术（GAN）

AI 绘画的技术原理主要是生成对抗网络，这是一种无监督学习模型，可以模拟人类艺术家的创作过程，生成高度逼真的图像。

生成对抗网络技术是一种通过训练两个神经网络来生成逼真图像的算法。其中，生成器网络用于生成图像，判别器网络用于判断图像的真伪，并反馈给生成器网络。

生成对抗网络技术的使用目标是通过训练两个模型（GAN 模型）的对抗学习，生成与真实数据相似的数据样本，并进而逐渐生成越来越逼真的艺术作品。对 GAN 模型训练过程的简单描述如图 5-3 所示。

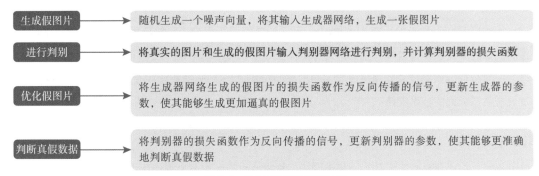

图 5-3 GAN 模型的训练过程

GAN 模型的优点在于能够生成与真实数据非常相似的假数据，同时具有较高的灵活性和可扩展性。生成对抗网络技术是深度学习中的核心技术之一，已经成功应用于图像生成、图像修复、图像超分辨率、图像风格转换等领域。

2．卷积神经网络技术（CNN）

依托卷积神经网络技术，可以对图像进行分类、识别、分割等操作，同时，卷积神经网络技术是实现风格转换和自适应着色的重要技术之一。卷积神经网络技术在 AI 绘画中起着重要的作用，主要表现在以下几个方面。

（1）图像分类和识别：使用卷积神经网络技术，可以对图像进行分类和识别，即通过对图像进行卷积（Convolution）、池化（Pooling）等操作，提取图像特征，进行分类和识别。在 AI 绘画中，卷积神经网络技术可以用于对绘画风格进行分类、对图像中的不同部分进行识别和分割，从而实现自动着色、图像增强等。

（2）图像风格转换：使用卷积神经网络技术，可以通过对两个图像的特征进行匹配，完成将一张图像的风格应用到另一张图像上的操作。在 AI 绘画中，可以通过使用卷积神经网络技术，将某艺术家的绘画风格应用到目标图像上，生成具有特定艺术风格的图像。应用美国艺术家詹姆斯·格尔尼（James Gurney）的哑光绘画风格生成的图像如图 5-4 所示，关键词为"史诗哑光绘画，微距离拍摄，在花丛中，金叶，红花，晴天，春天，高清图片，哑光绘画"。

图 5-4 哑光绘画艺术风格

（3）图像生成和重构：卷积神经网络技术可以用于生成新的图像，或对图像进行重构。在 AI 绘画中，可以通过使用卷积神经网络技术，实现对黑白图像的自动着色，或对图像进行重构和增强，提高图像的质量和清晰度。

（4）图像降噪和杂物去除：在 AI 绘画中，可以通过使用卷积神经网络技术，去除图像中的噪点和杂物，提高图像的质量和视觉效果。

总之，卷积神经网络技术作为深度学习中的核心技术之一，在 AI 绘画中有广泛的应用场景，为 AI 绘画的发展提供了强大的技术支持。

3．转移学习技术

转移学习又称迁移学习（Transfer Learning），是将已经训练好的模型应用于新的领域或任务的一种方法，可以提高模型的泛化能力和使用效率。

转移学习通常可以分为如图 5-5 所示的 3 种类型。

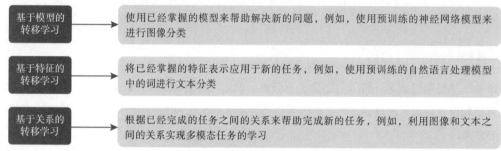

图 5-5　转移学习的 3 种类型

 转移学习技术在许多领域中有广泛的应用，例如，计算机视觉、自然语言处理、推荐系统等。

4．图像分割技术

图像分割是将一张图像划分为多个不同区域，每个区域具有相似的像素值或者语义信息。图像分割技术在计算机视觉领域有广泛的应用，例如，目标检测、自动着色、图像语义分割、医学影像分析、图像重构等。图像分割的方法包括如图 5-6 所示的 4 类。

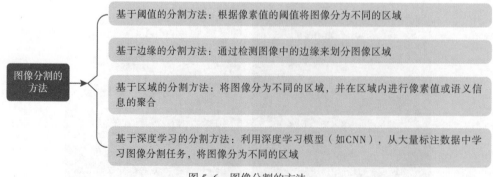

图 5-6　图像分割的方法

在实际应用中，基于深度学习的分割方法表现较好，尤其是在语义分割等高级任务中。对于特定领域的图像分割任务，如医学影像分割，需要结合领域的知识和专业的算法来实现更好的效果。

5．图像增强技术

图像增强指对图像进行增强操作，使其更加清晰、明亮，且色彩更鲜艳、更易于分析。使用图像增强技术，可以改善图像的质量，提高图像的可视性和识别性。常见的图像增强方法如图 5-7 所示。

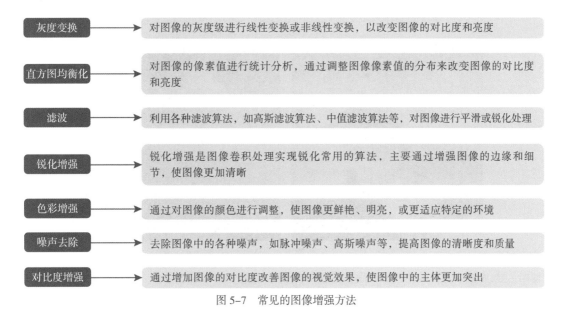

图 5-7　常见的图像增强方法

图像增强技术在计算机视觉、图像处理、医学影像处理等领域有着广泛的应用，可以帮助改善图像的质量和性能，提高图像处理效率。

5.1.3 AI 绘画的应用场景

近年来，AI 绘画得到了越来越多的关注和研究，其应用领域也越来越广泛，包括游戏、电影、动画、设计、数字艺术等。AI 绘画不仅可以用于生成各种形式的艺术作品，包括素描、水彩画、油画、立体艺术等，还可以在艺术作品的创作过程中发挥所长，帮助艺术家更快、更准确地表达自己的创意。总之，AI 绘画有可期待的发展前景，将会对许多行业和领域产生重大影响。

1．游戏开发领域

AI 绘画可以帮助游戏开发者快速生成游戏中需要的各种艺术资源，比如人物角色、环境、场景等图像素材。使用 AI 绘画技术生成的游戏角色如图 5-8 所示。游戏开发者可以先使用 GAN 生成器或其他技术快速生成角色草图，再使用传统绘画工具进行优化。

图 5-8　使用 AI 绘画技术生成的游戏角色

2．电影和动画领域

AI 绘画技术在电影和动画制作中有着越来越广泛的应用，可以帮助电影和动画制作人员快速生成各种场景、进行角色设计，甚至协助特效制作和后期制作。使用 AI 绘画技术生成的环境和场景设计图如图 5-9 所示，这些图可以帮助制作人员更好地规划电影和动画的场景和布局。

图 5-9　使用 AI 绘画技术生成的环境和场景设计图

使用 AI 绘画技术生成的角色设计图如图 5-10 所示，这些图可以帮助制作人员更好地理解角色，从而更精准地塑造角色形象和个性。

图 5-10　使用 AI 绘画技术生成的角色设计图

3．设计和广告领域

在设计和广告领域，使用 AI 绘画技术可以提高设计效率和作品质量，促进广告内容的多样化发展，增强产品设计的创造力和展示效果，以及提供更加智能、高效的用户交互体验。使用 AI 绘画技术，设计师和广告制作人员可以快速生成各种平面设计和宣传资料，如广告图、海报、宣传图等图像素材。使用 AI 绘画技术生成的香水广告图片如图 5-11 所示。

图 5-11　使用 AI 绘画技术生成的香水广告图片

AI 绘画技术还可以用于生成虚拟产品的样品图，如图 5-12 所示，在产品设计阶段帮助设计师更好地进行设计和展示，并得到反馈和修改意见。

图 5-12　使用 AI 绘画技术生成的虚拟产品样品图

4. 数字艺术领域

目前，AI 绘画已成为数字艺术的重要形式之一，艺术家可以利用 AI 绘画的技术特点，创作具有独特性的数字艺术作品，如图 5-13 所示。AI 绘画的发展对于数字艺术的推广有重要作用，它推动了数字艺术的创新。

图 5-13　使用 AI 绘画技术创作的数字艺术作品

5.2 AI绘画的常用平台与工具

如今，AI 绘画平台和工具的种类非常多，用户可以根据自己的需求选择合适的平台和工具进行绘画创作。本节介绍 6 个比较常见的 AI 绘画平台和工具。

5.2.1 Midjourney

Midjourney 是一款基于人工智能技术的绘画工具，能够帮助艺术家和设计师更快速、更高效地创作数字艺术作品。Midjourney 内置各种指令，用户只要输入关键字和指令，就能通过 AI 算法生成相关图片，用时不到一分钟。使用 Midjourney 生成的作品如图 5-14 所示。

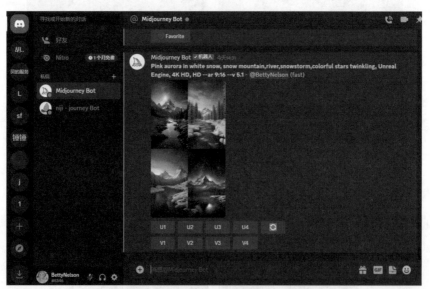

图 5-14　使用 Midjourney 生成的作品

Midjourney 拥有智能化绘图功能，能够智能化地推荐颜色、纹理、图案等元素，帮助用户轻松创作精美的绘画作品。同时，Midjourney 可以用来快速生成各种有趣的视觉效果和艺术作品，极大地方便了用户的日常设计工作。

5.2.2 文心一格

文心一格是由百度飞桨推出的 AI 艺术和创意辅助平台，依托百度飞桨的深度学习技术，帮助用户快速生成高质量的图像和艺术作品，提高创作效率和创意水平。文心一格特别适合需要频繁进行艺术创作的人群，比如艺术家、设计师、广告从业者等。使用文心一格平台，可以进行以下操作。

（1）自动画像：用户可以上传一张图片，使用文心一格平台提供的自动画像功能，将其转换为艺术风格的图片。文心一格平台支持多种艺术风格，例如，二次元、漫画、插画、像素艺术等。

（2）智能生成：用户可以使用文心一格平台提供的智能生成功能，生成各种类型的图像和艺术作品。文心一格平台依托深度学习技术，能够自动学习用户的创意（关键词）和风格，生成相应的图像和艺术作品。

（3）优化创作：文心一格平台可以根据用户的创意和需求，对已有的图像和艺术作品进行优化和改进。用户只需要输入自己的想法，文心一格平台就可以自动分析和优化目标图像和艺术作品。

使用文心一格生成的作品如图 5-15 所示。

图 5-15　使用文心一格生成的作品

5.2.3 AI 文字作画

AI 文字作画是百度智能云智能创作平台推出的图片创作工具，能够基于用户输入的文本内容，智能生成不限风格的图像，如图 5-16 所示。使用 AI 文字作画工具，用户只需要简单地输入一句话，AI 就能根据语意生成不同的作品。

图 5-16　使用 AI 文字作画生成的图像

5.2.4 无界版图

　　无界版图是一个数字版权在线拍卖平台，依托区块链技术在资产确权、拍卖方面的优势，全面整合全球优质艺术资源，致力于为艺术家、创作者提供数字作品的版权登记、保护、使用、拍卖等一整套解决方案。无界版图平台中的作品所有权拍卖示意图如图 5-17 所示。

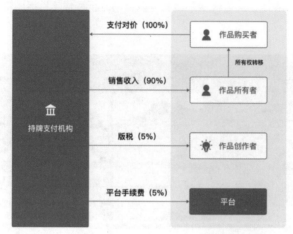

图 5-17　无界版图平台中的作品所有权拍卖示意图

　　无界版图有强大的"无界 AI"-"AI 创作"功能，用户可以选择二次元模型、通用模型或色彩模型，输入画面描述词并设置合适的画面大小和分辨率，生成画作。无界版图的"无界 AI"-"AI 创作"功能页面如图 5-18 所示。

图 5-18　无界版图的"无界 AI"-"AI 创作"功能页面

5.2.5 造梦日记

　　造梦日记是一个基于 AI 算法生成高质量图片的平台，用户可以输入任何"梦中画面"的描述词，比如一段文字描述（一个实物描述或一个场景描述）、一首诗、一句歌词等，该平台可以帮用户成功"造梦"，其功能页面如图 5-19 所示。

图 5-19　造梦日记的功能页面

5.2.6　意间 AI 绘画

意间 AI 绘画是一个全中文的 AI 绘画小程序，支持经典风格、动漫风格、写实风格、写意风格等绘画风格，其"AI 绘画"功能页面如图 5-20 所示。意间 AI 绘画小程序不仅能够帮助用户节省创作时间，还能够帮助用户激发创作灵感，生成更多优质的 AI 画作。

图 5-20　意间 AI 绘画小程序的"AI 绘画"功能页面

意间 AI 绘画是一个非常实用的手机绘画小程序，它会根据用户提供的关键词、参考图、风格偏好等生成精彩作品，让用户体验手机 AI 绘画的便捷性。使用意间 AI 绘画小程序生成的绘画作品如图 5-21 所示。

图 5-21　使用意间 AI 绘画小程序生成的绘画作品

5.3　文心一格的使用方法

文心一格的出现，源于百度在人工智能领域的持续研发和创新。百度在自然语言处理、图像识别等领域积累了深厚的技术实力和海量的数据资源，以此为基础，不断推进人工智能技术在各个领域的应用。

用户可以使用文心一格快速生成高质量的画作。文心一格支持自定义关键词、画面类型、图像比例、数量等参数，且生成的图像质量可以与人类艺术家创作的艺术作品相媲美。需要注意的是，即使是使用完全相同的关键词，文心一格每次生成的画作也会各有特点。本节主要介绍文心一格的使用方法，帮助大家快速上手。

5.3.1　基础用法

使用文心一格的"推荐"AI 绘画模式，用户只需要输入关键词（该平台也将其称为创意），AI 即可自动生成画作，具体操作方法如下。

步骤 01　登录文心一格后，单击"立即创作"按钮，即可进入"AI 创作"页面。在"AI 创作"页面中输入关键词，单击"立即生成"按钮，如图 5-22 所示。

图 5-22　单击"立即生成"按钮

步骤 02 稍等片刻，即可生成一幅与关键词相关的 AI 绘画作品，效果如图 5-23 所示。

图 5-23　生成 AI 绘画作品

5.3.2 选择画面类型

文心一格中可选择的画面类型非常多，包括"智能推荐""艺术创想""唯美二次元""怀旧漫画风"
"中国风""概念插画""明亮插画""超现实主义""动漫风""插画""像素艺术""炫彩插画"等类型。下
面介绍选择不同的画面类型的操作方法。

步骤 01 进入"AI 创作"页面，输入关键词后，在"画面类型"选项区中单击"更多"按钮，如
图 5-24 所示。

图 5-24　单击"更多"按钮

步骤 02 执行操作后，即可展开"画面类型"选项区，在其中选择"唯美二次元"选项，如图 5-25
所示。

图 5-25　选择"唯美二次元"选项

步骤 03　单击图 5-25 中的"立即生成"按钮，即可生成一幅"唯美二次元"类型的 AI 绘画作品，效果如图 5-26 所示。

图 5-26　"唯美二次元"类型的 AI 绘画作品

　　"唯美二次元"类型的特点是画面中充满色彩斑斓、细腻柔和的线条，表现出梦幻、浪漫的情感氛围，让人感到轻松愉悦，常见于动漫、游戏、插画等领域。

5.3.3　设置图片的比例和数量

除了可以设置画面类型，在文心一格中，还可以设置图像的比例（竖图、方图和横图）和数量（最多 9 张），具体操作方法如下。

步骤 01　进入"AI 创作"页面，输入关键词后，设置"比例"为"竖图"、"数量"为 2，如图 5-27 所示。

图 5-27　设置 "比例" 和 "数量"

步骤 02　单击图 5-27 中的 "立即生成" 按钮，即可生成两幅 AI 绘画作品，效果如图 5-28 所示。

图 5-28　两幅 AI 绘画作品

5.3.4　使用 "自定义" AI 绘画模式

使用文心一格的 "自定义" AI 绘画模式，用户可以设置更多的关键词，让生成的图片效果更加符合自己的需求，具体操作方法如下。

步骤 01　进入 "AI 创作" 页面，切换至 "自定义" 选项卡，输入关键词，并设置 "选择 AI 画师" 为 "二次元"、"尺寸" 为 16：9，如图 5-29 所示。

步骤 02　继续设置 "画面风格" 为 "动漫"、"修饰词" 为 "精细刻画"，如图 5-30 所示。

图 5-29　设置参数（1）　　　　图 5-30　设置参数（2）

步骤 03　单击"立即生成"按钮，即可生成自定义的 AI 绘画作品，效果如图 5-31 所示。

图 5-31　自定义的 AI 绘画作品

5.3.5　使用"上传参考图"功能以图生图

使用文心一格的"上传参考图"功能，可以上传任意一张图片，用文字描述想修改的地方后，实现以图生图，具体操作方法如下。

步骤 01　在"AI 创作"页面的"自定义"选项卡中输入关键词后，单击"上传参考图"下方的上传按钮🔳，如图 5-32 所示。

步骤 02　执行操作后，弹出"打开"对话框，选择目标参考图，如图 5-33 所示。

图 5-32　单击上传按钮

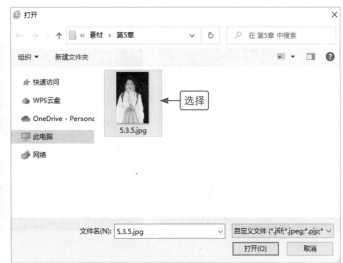

图 5-33　选择目标参考图

步骤 03　单击图 5-33 中的"打开"按钮，即可上传参考图。上传完成后，设置"影响比重"为 6、"数量"为 1，如图 5-34 所示，增强参考图对所生成作品的影响。

步骤 04　单击图 5-34 中的"立即生成"按钮，即可根据参考图生成自定义的 AI 绘画作品，效果如图 5-35 所示。

图 5-34　设置"影响比重"和"数量"

图 5-35　自定义的 AI 绘画作品

5.3.6　使用"图片叠加"功能混合生图

使用文心一格的"图片叠加"功能，可以将两张素材图片叠加在一起，生成一张新的图片，新的图片会同时具备两张素材图片的特征，具体的操作方法如下。

步骤 01　在"AI 创作"页面中切换至"AI 编辑"选项卡，展开"图片叠加"选项区，单击左侧的"选择图片"按钮，如图 5-36 所示。

步骤 02　在弹出的对话框中切换至"上传本地照片"选项卡，单击"选择文件"按钮，如图 5-37 所示。

图 5-36　单击"选择图片"按钮

图 5-37　单击"选择文件"按钮

步骤 03　弹出"打开"对话框，选择目标图片素材，如图 5-38 所示。

步骤 04　单击图 5-38 中的"打开"按钮，上传本地图片后，单击"确定"按钮，如图 5-39 所示。

图 5-38　选择目标图片素材

图 5-39　单击"确定"按钮

步骤 05　执行操作后，即可添加基础图。随后，在"图片叠加"选项区中单击右侧的"选择图片"按钮，如图 5-40 所示。

步骤 06　弹出用于选择图片的对话框，在"我的作品"选项卡中选择目标图片后单击"确定"按钮，如图 5-41 所示。

图 5-40　单击右侧的"选择图片"按钮

图 5-41　单击"确定"按钮

步骤 07　执行操作后，即可添加叠加图。输入关键词（用户希望生成的图片内容），如图 5-42 所示。

步骤 08　单击"立即生成"按钮，即可叠加两张素材图片，生成一张新图片，效果如图 5-43 所示。

图 5-42　输入关键词　　　　　　　　　　图 5-43　生成一张新图片

5.3.7　使用"人物动作识别再创作"功能

使用"人物动作识别再创作"功能时，文心一格可以先识别人物图片中的动作，再结合输入的关键词，生成人物动作相近的画作，具体的操作方法如下。

步骤 01　切换至"实验室"页面，单击"人物动作识别再创作"按钮，如图 5-44 所示。

图 5-44　单击"人物动作识别再创作"按钮

步骤 02　执行操作后，即可进入"人物动作识别再创作"页面，单击"将文件拖到此处，或点击上传"按钮，如图 5-45 所示。

图 5-45　单击"将文件拖到此处，或点击上传"按钮

步骤 03 执行操作后，弹出"打开"对话框，选择目标图片，如图 5-46 所示。

步骤 04 单击图 5-46 中的"打开"按钮，即可添加参考图。输入关键词"小孩，可爱，春日，唯美二次元"后，单击"立即生成"按钮，如图 5-47 所示。

图 5-46　选择目标图片　　　　　图 5-47　单击"立即生成"按钮

步骤 05 执行操作后，即可生成对应的骨骼图和效果图，如图 5-48 所示。

图 5-48　对应的骨骼图和效果图

5.3.8 使用"线稿识别再创作"功能

使用"线稿识别再创作"功能时，文心一格可以先识别用户上传的本地图片，并生成线稿图，再结合用户输入的关键词，生成精美的画作，具体的操作方法如下。

步骤 01 切换至"实验室"页面，单击"线稿识别再创作"按钮，如图 5-49 所示。

图 5-49 单击"线稿识别在创作"按钮

步骤 02 进入"线稿识别再创作"页面，单击"将文件拖到此处，或点击上传"按钮，如图 5-50 所示。

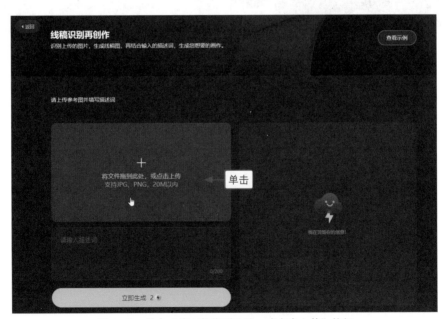

图 5-50 单击"将文件拖到此处，或点击上传"按钮

步骤 03 执行操作后，弹出"打开"对话框，选择目标图片，如图 5-51 所示。

步骤 04 单击图 5-51 中的"打开"按钮，即可添加参考图。输入关键词"湖边，白鹭，展翅，天气好"后，单击"立即生成"按钮，如图 5-52 所示。

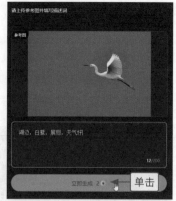

图 5-51　选择目标图片　　　　　　　图 5-52　单击"立即生成"按钮

步骤 05　执行操作后，即可生成对应的线稿图和效果图，如图 5-53 所示。

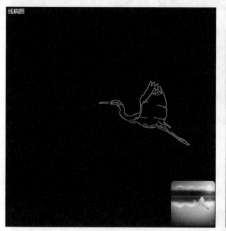

图 5-53　对应的线稿图和效果图

5.4 Midjourney的使用方法

　　使用 Midjourney 进行绘画非常简单，具体效果如何，取决于用户选用的关键词是什么。如果用户要生成高质量的 AI 绘画作品，Midjourney 需要有大量的训练数据。总之，虽然 Midjourney 的操作相对简单，但要生成独特、令人印象深刻的艺术作品，仍需要用户不断探索、尝试和创新。

5.4.1 输入英文关键词进行图片生成

　　Midjourney 主要是使用文本指令和关键词来完成图片生成操作的，用户应优先输入英文关键词。对于英文单词的首字母大小写，Midjourney 没有要求。下面介绍具体的操作方法。

　　步骤 01　在 Midjourney 的输入框内输入"/"（正斜杠符号），在弹出的列表框中选择 /imagine(想象)
　　　　　　　指令，如图 5-54 所示。

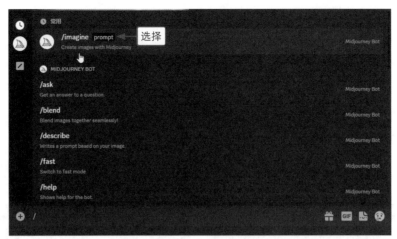

图 5-54 选择 /imagine 指令

步骤 02 在 /imagine 指令后方的文本框中输入关键词 "Amazing palace, paradise, sapphire, ruby, crystal, jade, surrealism, pink rose（令人惊叹的宫殿、天堂、蓝宝石、红宝石、水晶、玉石、超现实主义、粉红玫瑰）"，如图 5-55 所示。

图 5-55 输入关键词

步骤 03 按【Enter】键确认，即可看到 Midjourney Bot 开始工作，如图 5-56 所示。

图 5-56 Midjourney Bot 开始工作

步骤 04 稍等片刻，Midjourney 将生成 4 张图片，如图 5-57 所示。需要注意的是，即使是使用相同的关键词，Midjourney 每次生成的图片效果也会有一些不同。

图 5-57 生成 4 张图片

5.4.2 使用 U 按钮放大单张图片效果

在 Midjourney 中，生成的图片效果下方的 U 按钮表示放大所选图的细节，可以生成单张大图效果。如果用户对于 4 张图片中的某张图片感到满意，可以单击 U1 至 U4 按钮中对应目标图片的按钮进行选择，并在目标图片的基础上进行更加精细的刻画，下面介绍具体的操作方法。

步骤 01 以 5.4.1 小节的效果图片为例，单击 "U4" 按钮，如图 5-58 所示。

步骤 02 执行操作后，Midjourney 将在第 4 张图片的基础上进行更加精细的刻画，并放大图片效果，如图 5-59 所示。

图 5-58　单击 "U4" 按钮

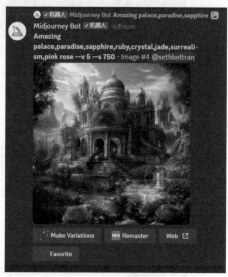

图 5-59　放大图片效果

步骤 03 单击图 5-59 中的 "Make Variations"（做出变更）按钮，将以该图片为模板，重新生成 4 张图片，如图 5-60 所示。

步骤 04 单击 "U4" 按钮，放大第 4 张图片效果，界面如图 5-61 所示。

图 5-60　重新生成 4 张图片

图 5-61　放大第 4 张图片效果

步骤 05　单击图 5-61 中的"Favorite"（喜欢）按钮，即可标注喜欢的图片，如图 5-62 所示。

步骤 06　在照片缩略图上单击，弹出图片窗口后，单击图片下方的"在浏览器中打开"文字链接，如图 5-63 所示。

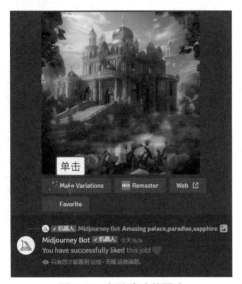

图 5-62　标注喜欢的图片

图 5-63　单击"在浏览器中打开"文字链接

步骤 07　执行操作后，即可打开浏览器，预览生成的大图效果，如图 5-64 所示。

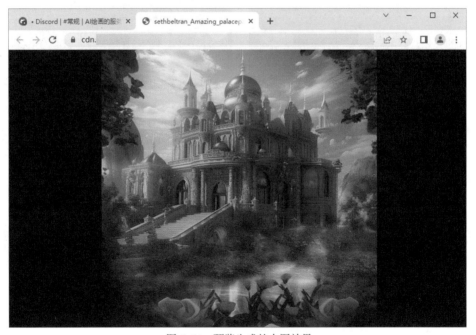

图 5-64　预览生成的大图效果

5.4.3　使用 V 按钮重新生成图片

V 按钮的功能是以所选的图片为模板，重新生成 4 张图片，作用与"Make Variations"按钮类似，下面介绍具体的操作方法。

步骤 01 以 5.4.1 小节的效果图片为例，单击 "V1" 按钮，如图 5-65 所示。

步骤 02 执行操作后，Midjourney 将以第 1 张图片为模板，重新生成 4 张图片，如图 5-66 所示。

图 5-65　单击 "V1" 按钮　　　　　　　　　图 5-66　重新生成 4 张图片

步骤 03 如果用户对重新生成的图片不满意，可以单击重做按钮，如图 5-67 所示。

步骤 04 执行操作后，Midjourney 会重新生成 4 张图片，如图 5-68 所示。

图 5-67　单击重做按钮　　　　　　　　　　图 5-68　重新生成 4 张图片

5.4.4 使用 /describe 指令获取关键词

关键词也称描述词、输入词、提示词、代码等，互联网上甚至有用户将其称为 "咒语"。在 Midjourney 中，用户可以使用 /describe（描述）指令获取图片的关键词，下面介绍具体的操作方法。

步骤 01 在 Midjourney 的输入框内输入 "/"，在弹出的列表框中选择 /describe 指令，如图 5-69 所示。

步骤 02 执行操作后，单击上传按钮，如图 5-70 所示。

图 5-69　选择 /describe 指令

图 5-70　单击上传按钮

步骤 03　执行操作后，弹出"打开"对话框，选择目标图片，如图 5-71 所示。

步骤 04　单击图 5-71 中的"打开"按钮，将图片添加到 Midjourney 的输入框中，如图 5-72 所示，按【Enter】键确认。

图 5-71　选择目标图片

图 5-72　将图片添加到 Midjourney 的输入框中

步骤 05　执行操作后，Midjourney 会根据用户上传的图片生成 4 段关键词内容，如图 5-73 所示。用户可以通过复制目标关键词内容或单击图片下面的数字 1 至数字 4 按钮中的目标按钮，以该图片为模板生成新的图片效果。

步骤 06　例如，复制第 1 段关键词内容后，使用 /imagine 指令生成 4 张新的图片，效果如图 5-74 所示。

图 5-73　生成 4 段关键词内容

图 5-74　生成 4 张新的图片

5.4.5 使用 --ar 指令设置图片的尺寸

通常情况下，在 Midjourney 中生成的图片默认尺寸为 1∶1，用户可以使用 --ar 指令修改所生成图片的尺寸，下面介绍具体的操作方法。

步骤 01 使用 /imagine 指令输入关键词，Midjourney 的默认生成效果如图 5-75 所示。

步骤 02 继续使用 /imagine 指令输入相同的关键词，并在结尾处加上 --ar 9∶16 指令（注意与前面的关键词用空格隔开），即可生成 9∶16 尺寸的图片，如图 5-76 所示。

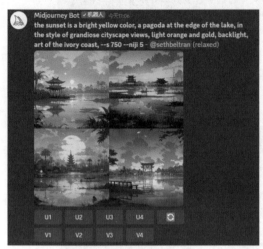
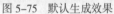
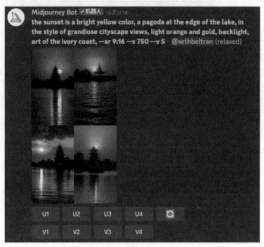

图 5-75 默认生成效果　　　　　　　　　图 5-76 生成 9∶16 尺寸的图片

需要注意的是，在图片生成或放大的过程中，最终输出的图片尺寸可能会略有偏差。

第 6 章　剪映手机版：
用图片生成视频

剪映 App 中有许多实用、简单的功能，可以帮助用户又快又好地制作想要的视频效果。本章主要介绍使用剪映 App 的"图文成片"功能、"一键成片"功能、视频编辑功能和"图片玩法"功能将图片制作成视频的操作方法。

6.1　用图片一键生成视频

默认情况下，使用剪映 App 的"图文成片"功能，素材都来自网络，质量参差不齐。因此，用户可以自己准备一些与文案相关的素材，在必要时进行替换，以便生成更加精美的视频作品。

6.1.1　使用"图文成片"功能生成视频

效果展示　在剪映 App 中，用户使用"图文成片"功能生成视频时，可以自行选择视频的生成方式，比如使用本地素材进行生成，这样就能获得独特的视频效果，如图 6-1 所示。

图 6-1　效果展示

下面介绍在剪映 App 中使用"图文成片"功能生成视频的具体操作方法。

步骤 01　打开剪映 App，在首页点击"图文成片"按钮，如图 6-2 所示。

步骤 02　执行操作后，进入"图文成片"界面，输入视频文案后，在"请选择视频生成方式"选项区中选择"使用本地素材"选项，如图 6-3 所示。

步骤 03　点击图 6-3 中的"生成视频"按钮，开始生成视频并显示进度。生成结束后进入预览界面，此时的视频只是一个框架，用户需要将自己的图片素材填充进去。点击视频轨道中的第 1 个"添加素材"按钮，进入相应界面，在"照片视频"｜"照片"选项卡中选择目标图片，即可完成对素材的填充，效果如图 6-4 所示。用同样的方法，填充其他素材。

步骤 04　点击图 6-4 中左上角的⊠按钮，退出预览界面后，在工具栏中点击"比例"按钮，如图 6-5 所示。

图 6-2 点击"图文成片"
按钮

图 6-3 选择"使用本地
素材"选项

图 6-4 素材填充

图 6-5 点击"比例"按钮

步骤 05 弹出"比例"面板，选择 9：16 选项，如图 6-6 所示，更改视频的比例。

步骤 06 使用"图文成片"功能生成的视频带有随机性，用户可以通过进一步剪辑来优化视频效果。
点击图 6-6 中右上角的"导入剪辑"按钮，进入剪辑界面，拖曳时间轴至目标位置后，选择
第 1 段朗读音频，在工具栏中点击"分割"按钮，如图 6-7 所示，即可将其分割成两段。

步骤 07 在时间轴处于相同的位置时选择第 1 段素材，在工具栏中点击"分割"按钮，如图 6-8 所
示，将其分割成两段。

步骤 08 用与上述方法同样的方法，在适当的位置对朗读音频和素材进行分割，使朗读音频与素材
一一对应。分割后的素材画面是一样的，用户可以对重复的素材进行替换。选择第 2 段素
材，在工具栏中点击"替换"按钮，如图 6-9 所示。

图 6-6 选择 9：16 选项

图 6-7 点击"分割"
按钮（1）

图 6-8 点击"分割"
按钮（2）

图 6-9 点击"替换"
按钮

步骤 09 进入"照片视频"界面，选择目标图片，即可进行替换，效果如图 6-10 所示。用同样的方法，对其他重复的素材进行替换。

步骤 10 返回主界面，在工具栏中点击"背景"按钮，如图 6-11 所示。

步骤 11 进入背景工具栏，点击"画布模糊"按钮，如图 6-12 所示。

图 6-10　素材替换的效果　　　图 6-11　点击"背景"　　　图 6-12　点击"画布模糊"
　　　　　　　　　　　　　　　　　　　　按钮　　　　　　　　　　　　按钮

步骤 12 弹出"画布模糊"面板，选择第 2 个模糊效果后，点击"全局应用"按钮，如图 6-13 所示，即可为整个视频添加画布模糊效果。

步骤 13 选择第 1 段文本，在第 2 段素材的起始位置对其进行分割，随后，选择分割出的前半段文本，在工具栏中点击"编辑"按钮，进入文字编辑面板，修改文本内容，并更改文字字体，如图 6-14 所示。

步骤 14 用与上述方法同样的方法，在适当的位置对文本进行分割，并调整文本的内容和字体。调整完成后，点击界面右上角的"导出"按钮，如图 6-15 所示，即可将视频导出。

图 6-13　点击"全局应用"　　　图 6-14　修改文本内容　　　图 6-15　点击"导出"
　　　　　　按钮　　　　　　　　　　并更改文字字体　　　　　　　　按钮

 即便是同样的文本内容，使用"图文成片"功能生成的视频也可能不一样，因此用户需要根据视频的实际情况，选择性地进行调整和剪辑。

6.1.2 使用"一键成片"功能快速套用模板

效果展示 使用"一键成片"功能生成视频时，需要用户先选择生成视频所用的图片素材，再选择喜欢的模板，效果如图 6-16 所示。

图 6-16 效果展示

下面介绍在剪映 App 中使用"一键成片"功能快速套用模板的具体操作方法。

步骤 01 打开剪映 App，在首页点击"一键成片"按钮，如图 6-17 所示。

步骤 02 执行操作后，进入"照片视频"界面，选择 4 张图片素材后点击"下一步"按钮，如图 6-18 所示，即可开始生成视频。

步骤 03 稍等片刻，进入"选择模板"界面，系统自动选择第 1 个模板并播放套用模板后的视频。用户可以更改模板，例如，在"推荐"选项卡中选择自己喜欢的模板，即可更改套用的模板并播放套用所选模板后的视频，效果如图 6-19 所示。

步骤 04 点击图 6-19 中右上角的"导出"按钮，在弹出的"导出设置"对话框中点击"无水印保存并分享"按钮，如图 6-20 所示，即可将生成的视频导出。

图 6-17 点击"一键成片" 图 6-18 选择图片素材后 图 6-19 视频效果展示 图 6-20 点击"无水印保存
按钮　　　　　　点击"下一步"按钮　　　　　　　　　　　　　　　　并分享"按钮

6.2 将图片制作成视频

除了可以使用剪映的"图文成片"功能和"一键成片"功能快速生成视频，用户还可以使用剪映的视频编辑功能和"抖音玩法"功能将图片制作成漂亮、有趣的个性视频。

6.2.1 导入图片并制作视频

效果展示 用户在剪映 App 中导入图片素材后，可以使用"音频"功能、"动画"功能、"特效"功能等视频编辑功能制作个性化的视频，效果如图 6-21 所示。

图 6-21　效果展示

下面介绍在剪映 App 中导入图片并制作个性视频的具体操作方法。

步骤 01　打开剪映 App，在首页点击"开始创作"按钮，进入"照片视频"界面。在"照片"选项卡中选择目标图片素材并勾选"高清"复选框后，点击"添加"按钮，如图 6-22 所示。

步骤 02　执行操作后，即可将素材按顺序导入视频轨道。此时点击"导出"按钮，即可导出视频。为了让视频效果更佳，用户可以为视频添加音乐、动画、特效和转场。在工具栏中点击"音频"按钮，如图 6-23 所示。

步骤 03　进入音频工具栏，点击"音乐"按钮，切换至"音乐"选项卡，选择"轻快"选项，如图 6-24 所示。

图 6-22　添加图片素材

图 6-23　点击"音频"
按钮

图 6-24　选择"轻快"
选项

步骤 04　进入"轻快"界面，点击目标音乐右侧的"使用"按钮，如图 6-25 所示，即可将音乐添加到音频轨道中。

步骤 05　图片本身没有动感，用户可以通过制作卡点效果和添加动画这两种方法来增加视频的动感。选择音频后，在工具栏中点击"节拍"按钮，如图 6-26 所示。

步骤 06　弹出"节拍"面板，点击"自动踩点"按钮，让 AI 自动识别并标出音频的节拍点后，选择"踩节拍 I"选项，如图 6-27 所示。

图 6-25　点击"使用"
按钮

图 6-26　点击"节拍"
按钮

图 6-27　设置节拍

步骤 07　拖曳素材右侧的白色拉杆，调整 3 段素材的时长，使第 1 ~ 3 段素材的结束位置分别对准第 2 ~ 4 个节拍点，如图 6-28 所示。

步骤 08　在第 3 段素材的结束位置对音频进行分割，选择分割出的后半段素材，点击"删除"按钮，如图 6-29 所示,删除多余的音频素材。

步骤 09 选择第 1 段素材,在工具栏中点击"动画"按钮,如图 6-30 所示。

图 6-28　调整素材时长　　图 6-29　点击"删除"　　图 6-30　点击"动画"
　　　　　　　　　　　　　　　　　　按钮　　　　　　　　　　按钮

步骤 10 弹出"动画"面板,在"入场动画"选项卡中选择"渐显"动画,拖曳滑块,设置动画时长参数为 1.0s,如图 6-31 所示,增加"渐显"动画的作用时长。用同样的方法,分别为第 2 段素材和第 3 段素材添加"入场动画"选项卡中的"渐显"动画,并设置动画时长均为 1.0s。

步骤 11 点击第 1 段素材和第 2 段素材中间的 ⏐ 按钮,如图 6-32 所示。

步骤 12 弹出"转场"面板,在"热门"选项卡中选择"叠化"转场效果后,点击"全局应用"按钮,如图 6-33 所示,即可同时在第 1 段素材和第 2 段素材之间、第 2 段素材和第 3 段素材之间添加同样的转场效果。

图 6-31　设置动画时长　　图 6-32　点击相应按钮　　图 6-33　点击"全局应用"
　　　　　参数　　　　　　　　　　　　　　　　　　　　　　按钮

步骤 13 拖曳时间轴至视频起始位置，返回主界面，点击"特效"按钮后，点击"画面特效"按钮，如图 6-34 所示。

步骤 14 进入特效素材库，在 Bling 选项卡中选择"温柔细闪"特效，如图 6-35 所示，让画面显得更唯美。

步骤 15 拖曳"温柔细闪"特效右侧的白色拉杆，调整特效时长至与视频时长一致，如图 6-36 所示。随后，点击"导出"按钮，将视频导出。

图 6-34 点击"画面特效"按钮

图 6-35 选择"温柔细闪"特效

图 6-36 调整特效时长

6.2.2 使用"图片玩法"功能制作变身视频

效果展示 使用剪映 App 中的"图片玩法"功能，可以为图片添加不同的趣味玩法，例如，将图片中的真人变成漫画人物，效果如图 6-37 所示。

图 6-37 效果展示

下面介绍在剪映 App 中使用"图片玩法"功能制作变身视频的具体操作方法。

步骤 01 在剪映 App 中导入一张图片素材后，选择素材，在工具栏中连续点击"复制"按钮两次，如图 6-38 所示，将图片素材复制两份。

步骤 02 拖曳时间轴至视频起始位置，点击"音频"按钮后，切换至"音乐"选项卡，在"音乐"选项卡中选择"国风"选项，如图 6-39 所示。

步骤 03 进入"国风"界面，点击目标音乐右侧的"使用"按钮，如图 6-40 所示，将音乐添加到音频轨道中。

步骤 04 在 00:04 的位置对音频进行分割，分割后，选择分割出的前半段音频，点击"删除"按钮，如图 6-41 所示，将音频开头的空白部分删除，并调整音频的位置。

图 6-38 点击"复制" 按钮 　　图 6-39 选择"国风" 选项 　　图 6-40 点击"使用" 按钮 　　图 6-41 点击"删除" 按钮

步骤 05 调整 3 段素材的时长，使第 1 ~ 3 段素材的时长分别为 1.6s、1.8s 和 1.9s，随后，根据视频的时长调整音频的时长，如图 6-42 所示。

步骤 06 点击第 1 段素材和第 2 段素材中间的 | 按钮，弹出"转场"面板，在"光效"选项卡中选择"泛光"转场效果后，点击"全局应用"按钮，如图 6-43 所示，将转场效果应用到所有素材之间。

步骤 07 拖曳时间轴至视频起始位置，返回主界面。点击"特效"按钮后，点击"画面特效"按钮，并在"基础"选项卡中选择"变清晰"特效，如图 6-44 所示，为第 1 段素材添加特效。

步骤 08 拖曳时间轴至第 2 段素材中，在特效工具栏中点击"图片玩法"按钮，如图 6-45 所示。

步骤 09 弹出"图片玩法"面板，在"AI 绘画"选项卡中选择"日系"玩法，如图 6-46 所示，即可为第 2 段素材添加"日系"玩法，让图片中的人物变成日系漫画主角。

步骤 10 用与上述方法同样的方法，为第 3 段素材添加"AI 绘画"选项卡中的"神明"玩法，如图 6-47 所示，让图片中的人物变成漫画中的神明少女，完成对变身视频的制作。

图 6-42　调整音频的时长

图 6-43　点击"全局
应用"按钮

图 6-44　选择"变清晰"
特效

图 6-45　点击"图片玩法"
按钮

图 6-46　选择"日系"
玩法

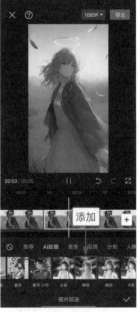

图 6-47　添加"神明"
玩法

第 7 章 必剪手机版：
用图片生成视频

必剪 App 功能全面，既有基础的剪辑工具，能够满足用户的使用需求，又有实用的特色功能，可以自动生成好看的视频效果。本章主要介绍使用必剪 App 的剪辑工具、"一键大片"功能和"模板"功能，用图片生成视频的操作方法。

7.1 导入图片，包装成片

使用必剪 App 中的基础剪辑工具，可以为图片素材添加转场、音乐和特效，制作完整的视频效果。此外，使用必剪 App 中的"一键大片"功能，可以迅速将图片素材包装成精彩的视频。

7.1.1 使用剪辑工具制作视频

效果展示 必剪 App 中有许多实用的剪辑工具，能够帮助用户轻松地将图片制作成视频，效果如图 7-1 所示。

图 7-1 效果展示

下面介绍在必剪 App 中使用剪辑工具将图片制作成视频的具体操作方法。

步骤 01 打开必剪 App，在"创作"界面中点击"开始创作"按钮，如图 7-2 所示。

步骤 02 执行操作后，进入"最近项目"界面，在"照片"选项卡中选择目标图片素材后，点击"下一步"按钮，如图 7-3 所示，即可将素材按顺序导入视频轨道中。

步骤 03 点击第 1 段素材和第 2 段素材之间的 I 按钮，如图 7-4 所示。

步骤 04 弹出"视频转场"面板，在"推荐"选项卡中选择"黑场过渡"转场效果后，点击"应用全部"按钮，如图 7-5 所示，在所有素材之间添加转场效果。

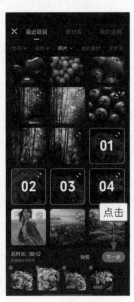

图 7-2　点击"开始　　　图 7-3　点击"下一步"　　图 7-4　点击素材间的　　图 7-5　选择目标转场效果后
　　　创作"按钮　　　　　　　按钮　　　　　　　调整按钮　　　　　　点击"应用全部"按钮

步骤 05　点击图 7-5 中的 ☑ 按钮，退出"视频转场"面板。拖曳时间轴至视频起始位置，在工具栏中点击"音频"按钮，如图 7-6 所示。

步骤 06　进入音频工具栏，点击"音乐库"按钮，如图 7-7 所示。

步骤 07　进入"音乐库"界面，选择"纯音乐"选项，如图 7-8 所示。

步骤 08　进入"纯音乐"界面，点击目标音乐右侧的"使用"按钮，如图 7-9 所示，将音乐添加到音频轨道中，并将音频时长调整至与视频时长一致。

图 7-6　点击"音频"　　　图 7-7　点击"音乐库"　　图 7-8　选择"纯音乐"　　图 7-9　点击"使用"
　　　　按钮　　　　　　　　　按钮　　　　　　　　选项　　　　　　　　　按钮

步骤 09　返回主界面，在工具栏中点击"特效"按钮，如图 7-10 所示。

步骤 10　弹出"特效"面板，在"热门"选项卡中选择"逐渐聚焦"特效（选择后出现"调节参数"图标），如图 7-11 所示。

步骤 11 执行操作后，即可添加第 1 个特效。拖曳"逐渐聚焦"特效右侧的白色拉杆，将其时长调整至与第 1 段素材的时长一致，如图 7-12 所示。

步骤 12 "逐渐聚焦"特效自带"胶卷相机快门声"音效，如果用户不需要，可以选择音效后点击垃圾桶按钮🗑，如图 7-13 所示，将其删除。

图 7-10　点击"特效" 　　图 7-11　选择"逐渐聚焦" 　图 7-12　调整特效时长 　图 7-13　点击垃圾桶
　　　　按钮 　　　　　　　　　特效 　　　　　　　　　　　　　　　　　　　　　按钮

步骤 13 点击图 7-13 中的返回按钮《，返回上一级工具栏。点击"新增特效"按钮，如图 7-14 所示。

步骤 14 再次进入"特效"面板，在"边框"选项卡中选择"闪动字体边框"特效，如图 7-15 所示，添加第 2 个特效。

步骤 15 调整"闪动字体边框"特效的位置和时长，如图 7-16 所示，完成对视频效果的制作。

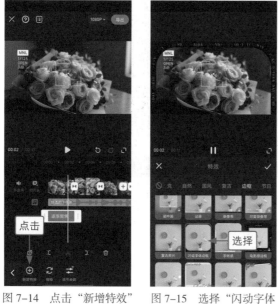

图 7-14　点击"新增特效" 　　　图 7-15　选择"闪动字体 　　　图 7-16　调整特效的
　　　　　　按钮 　　　　　　　　　　　　边框"特效 　　　　　　　　位置和时长

7.1.2 使用"一键大片"功能生成视频

效果展示 使用必剪 App 的"一键大片"功能，可以快速将图片素材包装成视频，用户只需要选择喜欢的模板即可，效果如图 7-17 所示。

图 7-17 效果展示

下面介绍在必剪 App 中使用"一键大片"功能生成视频的具体操作方法。

步骤 01 在必剪 App 中导入 3 张图片素材后，在工具栏中点击"一键大片"按钮，如图 7-18 所示。

步骤 02 弹出"一键大片"面板，在"VLOG"选项卡中选择"旅行大片"选项，如图 7-19 所示，即可将图片素材包装成视频。

图 7-18 点击"一键大片"按钮 图 7-19 选择"旅行大片"选项

VLOG 的英文全称为 Video Blog 或 Video Log，意为视频记录，可翻译为视频博客、视频网络日志。

用户可以根据素材的内容，在"一键大片"面板中选择合适的模板。视频包装完成后，用户可以进行手动调整，以优化视频效果。

7.2 套用模板，快速生成视频

在必剪 App 的"模板"界面中，有很多不同风格的视频模板，用户选择喜欢的模板，即可进行视频生成。本节主要介绍使用推荐的模板生成视频和使用搜索的模板生成视频这两种生成视频的方法。

7.2.1 使用推荐的模板生成视频

效果展示 在"模板"界面的不同选项卡中，有许多不同风格的模板，这些模板都是系统自动推荐的，用户可以随意选择，模板使用效果实例如图 7-20 所示。

图 7-20 效果展示

下面介绍在必剪 App 中使用推荐的模板生成视频的具体操作方法。

步骤 01 进入必剪 App 的"模板"界面，在"推荐"选项卡中选择目标视频模板，如图 7-21 所示。

步骤 02 执行操作后，进入模板预览界面，点击"剪同款"按钮，如图 7-22 所示。

步骤 03 进入"最近项目"界面，选择目标图片素材后，点击"下一步"按钮，如图 7-23 所示。

步骤 04 稍等片刻，即可生成视频并预览视频效果。点击"导出"按钮，如图 7-24 所示，即可将生成的视频导出。

图 7-21 选择目标视频　　图 7-22 点击"剪同款"　　图 7-23 点击"下一步"　　图 7-24 点击"导出"
　　　　模板　　　　　　　　　　按钮　　　　　　　　　　按钮　　　　　　　　　　按钮

7.2.2 使用搜索的模板生成视频

效果展示　如果用户有明确的目标模板，可以直接在"模板"界面中进行搜索，节省盲目寻找模板的时间，模板使用效果实例如图 7-25 所示。

图 7-25 效果展示

下面介绍在必剪 App 中使用搜索的模板生成视频的具体操作方法。

步骤 01　在"模板"界面的搜索框中输入模板关键词并点击"搜索"按钮后，在搜索结果中选择目标视频模板，如图 7-26 所示。

步骤 02　进入模板预览界面，点击"剪同款"按钮，如图 7-27 所示。

步骤 03 进入"最近项目"界面，选择目标图片素材后点击"下一步"按钮，如图 7-28 所示，即可开始生成视频。

步骤 04 视频生成完成后，跳转至预览界面预览视频效果。确认无误后，点击"导出"按钮，如图 7-29 所示，即可将视频导出。

图 7-26　选择目标视频　　图 7-27　点击"剪同款"　　图 7-28　点击"下一步"　　图 7-29　点击"导出"
　　　　　模板　　　　　　　　　　　按钮　　　　　　　　　　　按钮　　　　　　　　　　　按钮

第 8 章　快影手机版：
用图片生成视频

快影 App 是快手旗下的视频编辑软件，用户可以使用它的 AI 功能，快速用图片生成趣味十足的视频，还可以一键将作品分享至快手平台，收获关注。本章主要介绍在快影 App 中使用"图片玩法"功能、"一键出片"功能、"音乐 MV"功能、"剪同款"功能、"AI 玩法"功能等功能生成视频的操作方法。

8.1 "图片玩法"功能与"一键出片"功能

使用快影 App 中的"图片玩法"功能，可以为图片添加 AI 绘画效果，用图片生成美观、独特的视频。此外，使用快影 App 中的"一键出片"功能，可以快速为准备好的图片素材套用模板，轻松生成视频。

8.1.1 使用"图片玩法"功能生成动漫变身视频

效果展示　快影 App 的"图片玩法"功能中有多种风格的 AI 绘画效果，用户可以随意选择。为了让视频更完整，用户还可以使用其他功能制作变身前后的反差效果，如图 8-1 所示。

图8-1　效果展示

下面介绍在快影 App 中使用"图片玩法"功能生成动漫变身视频的具体操作方法。

步骤 01　打开快影 App，在"创作"界面中点击"开始剪辑"按钮，如图 8-2 所示。

步骤 02　执行操作后，进入"相机胶卷"界面，在"照片"选项卡中选择目标图片素材，如图 8-3 所示。

步骤 03　点击图 8-3 中的"选好了"按钮，将素材导入视频轨道。选择素材后，在工具栏中点击"复制"按钮，如图 8-4 所示，将图片素材复制一份。

图8-2　点击"开始剪辑"
按钮

图8-3　选择目标图片素材

图8-4　点击"复制"按钮

步骤 04　选择第 1 段素材后，向右拖曳素材右侧的白色拉杆，将其时长调整为 4.0s，如图 8-5 所示。

步骤 05　拖曳时间轴至视频起始位置后，点击"添加音频"按钮，如图 8-6 所示。

步骤 06　进入"音乐库"界面，在"所有分类"选项区中选择"国风古风"选项，如图 8-7 所示。

图8-5　调整素材时长

图8-6　点击"添加音频"
按钮

图8-7　选择"国风古风"
选项

步骤 07　执行操作后，进入"热门分类"界面的"国风古风"选项卡，选择目标音乐，拖曳时间轴，
选取合适的音频起始位置后，点击目标音乐对应的"使用"按钮，如图 8-8 所示，即可将
目标音乐添加到音频轨道中，音乐时长会自动根据视频时长确定。

步骤 08　在工具栏中点击"特效"按钮，如图 8-9 所示。

步骤 09　进入特效工具栏，点击"画面特效"按钮，如图 8-10 所示。

图8-8　点击"使用"按钮　　图8-9　点击"特效"按钮　　图8-10　点击"画面特效"
按钮

步骤 10　进入特效素材库，在"基础"选项卡中选择"圆形开幕"特效，如图 8-11 所示，即可为第 1 段素材添加一个开幕特效。

步骤 11　拖曳时间轴至第 2 段素材的起始位置后，在特效工具栏中点击"图片玩法"按钮，如图 8-12 所示。

步骤 12　弹出"图片玩法"面板，在"热门"选项卡中选择"AI春日"玩法，如图 8-13 所示，即可为第 2 段素材添加 AI 绘画效果。

步骤 13　点击界面右上角的"做好了"按钮，在弹出的"导出选项"面板中点击下载按钮⤓，如图8-14所示，即可将视频保存到手机相册中。

图8-11　选择"圆形开幕"　　图8-12　点击"图片玩法"　　图8-13　选择"AI春日"　　图8-14　保存视频
特效　　　　　　　　按钮　　　　　　　玩法

8.1.2 使用"一键出片"功能生成美食视频

效果展示 快影 App 的"一键出片"功能会根据用户提供的素材智能匹配模板，用户在可选模板中选择喜欢的模板即可，效果如图 8-15 所示。

图8-15 效果展示

下面介绍在快影 App 中使用"一键出片"功能生成美食视频的具体操作方法。

步骤 01 打开快影 App，在"创作"界面中点击"一键出片"按钮，如图 8-16 所示。

步骤 02 进入"最近项目"界面，在"照片"选项卡中选择目标素材后点击"一键出片"按钮，如图 8-17 所示。

步骤 03 执行操作后，即可开始智能生成视频。稍等片刻，进入预览界面，可以预览套用模板后的视频效果。用户可以在"模板"选项卡中选择喜欢的模板，例如，在"模板"选项卡"大片"选项区中选择"美食探店打卡"美食视频模板，如图 8-18 所示，预览视频效果。

步骤 04 点击图 8-18 中右上角的"做好了"按钮，在弹出的"导出选项"面板中点击"无水印导出并分享"按钮，如图 8-19 所示，即可导出无水印的视频效果。

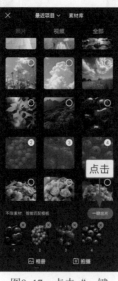

图8-16 点击"一键 出片"按钮（1）　图8-17 点击"一键 出片"按钮（2）　图8-18 选择美食 视频模板　图8-19 点击"无水印 导出并分享"按钮

8.2 "音乐MV" 功能、"剪同款" 功能与 "AI玩法" 功能

在快影 App 的 "剪同款" 界面中，用户可以使用 "音乐 MV" 功能将喜欢的图片和歌曲制作成音乐歌词视频；可以使用 "剪同款" 功能为图片素材套用喜欢的模板，生成视频；也可以使用 "AI 玩法" 功能为图片添加特效，制作酷炫的视频效果。

8.2.1 使用 "音乐MV" 功能生成音乐视频

效果展示 使用 "音乐 MV" 功能，可以选择喜欢的 MV 模板、歌曲、歌词段落和图片素材，生成专属的音乐视频，效果如图 8-20 所示。

图8-20 效果展示

下面介绍在快影 App 中使用 "音乐 MV" 功能生成音乐视频的具体操作方法。

步骤 01 打开快影 App，切换至 "剪同款" 界面后，点击 "音乐 MV" 按钮，如图 8-21 所示。

步骤 02 执行操作后，进入模板选择界面。界面下方有 4 种不同风格的音乐 MV 模板，用户可以根据喜好选择目标模板。选择模板后，用户可以更换音乐 MV 中的音乐，点击模板预览区中的 "换音乐" 按钮，如图 8-22 所示。

步骤 03 执行操作后，进入 "音乐库" 界面，选择 "儿歌" 选项，如图 8-23 所示。

步骤 04 执行操作后，进入 "热门分类" 界面的 "儿歌" 选项卡，选择目标音乐，拖曳时间轴，选取合适的音频起始位置后，点击目标音乐对应的 "使用" 按钮，如图 8-24 所示，即可更换音乐 MV 中的音乐。

步骤 05 执行操作后，返回模板选择界面，点击界面下方的 "导入素材 生成 MV" 按钮，如图 8-25 所示。

步骤 06 进入"相机胶卷"界面，在"照片"选项卡中选择 3 张照片素材后点击"完成"按钮，如图 8-26 所示。

图8-21　点击"音乐MV" 按钮

图8-22　点击"换音乐" 按钮

图8-23　选择"儿歌" 选项

图8-24　点击"使用"按钮

图8-25　点击"导入素材 生成MV"按钮

图8-26　点击"完成" 按钮

步骤 07 稍等片刻，即可进入模板编辑界面，用户可以在该界面预览视频效果，并对视频的风格、音乐、时长、画面和歌词进行设置。例如，切换至"时长"选项卡后，拖曳视频右侧的白色拉杆，将视频时长调整为 9.7s，如图 8-27 所示，缩短视频时长。

步骤 08 切换至"歌词"选项卡后，选择合适的字体，如图 8-28 所示，即可修改视频中歌词字幕的字体。

步骤 09 点击图 8-28 中右上角的"做好了"按钮，在弹出的"导出选项"面板中点击下载按钮⬇️，如图 8-29 所示。

步骤 10 执行操作后，即可开始导出视频，并显示导出进度，如图 8-30 所示。

图8-27　调整视频时长　　图8-28　选择合适的字体　　图8-29　点击下载按钮　　图8-30　显示导出进度

8.2.2 使用"剪同款"功能生成卡点视频

效果展示 快影 App 的"剪同款"功能为用户提供了许多热门的视频模板，用户可以根据喜好选择模板，制作同款视频，效果如图 8-31 所示。

图8-31　效果展示

下面介绍在快影 App 中使用"剪同款"功能生成卡点视频的具体操作方法。

步骤 01 打开快影 App，在"剪同款"界面的"卡点"选项卡中选择喜欢的模板，如图 8-32 所示。

步骤 02 进入模板预览界面，点击"制作同款"按钮，如图 8-33 所示。

步骤 03 执行操作后，进入"相机胶卷"界面，选择目标素材后，点击"选好了"按钮，如图 8-34

所示,即可开始生成视频。

步骤 04 稍等片刻,进入模板编辑界面,用户可以在该界面对视频素材、音乐、文字、封面等内容进行编辑。如果用户对视频效果感到满意,点击界面右上角的"做好了"按钮后,在弹出的"导出选项"面板中点击"无水印导出并分享"按钮,如图 8-35 所示,即可导出无水印视频。

图8-32 选择喜欢的模板 　图8-33 点击"制作同款" 　图8-34 点击"选好了" 　图8-35 点击"无水印
　　　　　　　　　　　　　　　　按钮 　　　　　　　　　按钮 　　　　　　导出并分享"按钮

8.2.3 使用 "AI玩法" 功能生成酷炫视频

效果展示 使用"剪同款"界面的"AI 玩法"功能,可以快速生成酷炫的视频效果,如图 8-36 所示。

图8-36 效果展示

下面介绍在快影 App 中使用"AI 瞬息宇宙"玩法生成酷炫视频的具体操作方法。

步骤 01 打开快影 App，在"剪同款"界面中点击"AI 玩法"按钮，如图 8-37 所示。

步骤 02 进入"AI 玩法"界面，在"AI 瞬息宇宙"玩法预览图中点击"导入图片变身"按钮，如图 8-38 所示。

步骤 03 进入"相机胶卷"界面，选择目标图片后，点击"选好了"按钮，如图 8-39 所示。

步骤 04 执行操作后，即可开始生成视频。此外，用户还可以在界面下方推荐的视频模板中选择喜欢的模板，如图 8-40 所示，并预览视频效果。如果用户对视频效果感到满意，点击"无水印导出并分享"按钮，即可将成品视频导出。

图8-37　点击"AI玩法"按钮

图8-38　点击"导入图片变身"按钮

图8-39　选择目标图片后点击"选好了"按钮

图8-40　选择喜欢的视频模板

视频生成视频篇

第9章 剪映电脑版：一键剪出同款视频

制作视频时，用户可能会遇到这样的情况：有素材，却不知道该如何做成视频，或者辛辛苦苦做出了视频，却不够吸引人。此时，用户可以通过套用模板，快速生成精美的视频。本章主要介绍在剪映电脑版中使用"模板"功能生成视频的操作方法和素材包的使用方法。

9.1 使用"模板"功能生成视频

剪映电脑版的"模板"功能非常强大，用户只需要先选择喜欢的模板，再导入相应的素材，即可生成同款视频。在剪映电脑版中，用户既可以在"模板"面板中挑选模板，也可以在视频编辑界面的"模板"功能区的"模板"选项卡中挑选模板。

9.1.1 在"模板"面板中挑选模板生成视频

效果展示 用户在"模板"面板中挑选模板时，可以通过设置筛选条件来找到需要的模板，提高挑选模板的效率，效果如图 9-1 所示。

图9-1　效果展示

下面介绍在剪映电脑版中从"模板"面板中挑选模板生成视频的具体操作方法。

步骤 01　打开剪映电脑版，在首页单击"模板"按钮，如图 9-2 所示。

图9-2　单击"模板"按钮

步骤 02 执行操作后，弹出"模板"面板。在"模板"面板中单击"比例"选项右侧的下拉按钮，在弹出的列表框中选择"竖屏"选项，如图9-3所示，筛选竖屏视频模板。

图9-3 选择"竖屏"选项

步骤 03 用与上述方法同样的方法，设置"片段数量"为1~3、"模板时长"为0~15秒，随后，切换至"旅行"选项卡，选择喜欢的视频模板，如图9-4所示。

图9-4 设置参数并选择喜欢的视频模板

步骤 04 执行操作后，弹出模板预览面板。用户可以在该面板中预览模板效果，如果觉得满意，单击"使用模板"按钮即可，如图9-5所示。

步骤 05 稍等片刻，即可进入模板编辑界面。在视频轨道中单击第1段素材缩略图中的添加按钮➕，如图9-6所示。

步骤 06 弹出"请选择媒体资源"对话框，选择目标视频素材后，单击"打开"按钮，如图9-7所示，即可将第1段视频素材导入视频轨道，并套用模板效果。

步骤 07 用与上述方法同样的方法，导入其他视频素材。素材导入完成后，用户可以在"播放器"面板中查看生成的视频效果，如果觉得满意，单击界面右上角的"导出"按钮，如图9-8所示，即可将成品视频导出。

图9-5　单击"使用模板"按钮

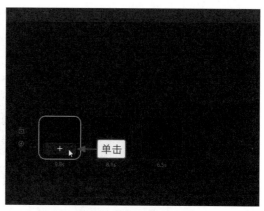

图9-6　单击添加按钮

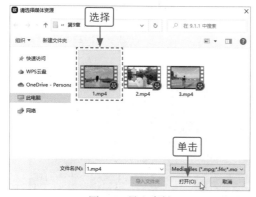

图9-7　导入素材

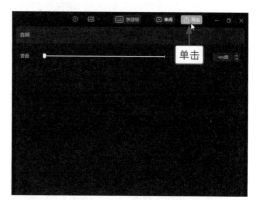

图9-8　单击"导出"按钮

9.1.2　在"模板"选项卡中挑选模板生成视频

效果展示　在视频编辑界面中，用户可以先导入素材，再在"模板"功能区的"模板"选项卡中通过搜索来挑选喜欢的视频模板，并套用模板，效果如图 9-9 所示。

图9-9　效果展示

下面介绍在剪映电脑版中从"模板"选项卡中挑选模板生成视频的具体操作方法。

步骤 01　打开剪映电脑版，在首页单击"开始创作"按钮，进入视频编辑界面。在视频编辑界面中单击"媒体"功能区中的"导入"按钮，如图 9-10 所示。

步骤 02　弹出"请选择媒体资源"对话框，选择目标视频素材后，单击"打开"按钮，如图 9-11 所示，即可将视频素材导入"媒体"功能区。

图9-10　单击"导入"按钮

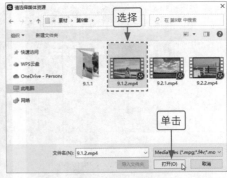

图9-11　导入素材

步骤 03 切换至"模板"功能区，在搜索框中输入模板关键词后按【Enter】键进行搜索。在搜索结果中单击目标视频模板右下角的"添加到轨道"按钮，如图 9-12 所示，将视频模板添加到视频轨道中。

步骤 04 在视频轨道中单击视频模板缩略图上的"替换素材"按钮，如图 9-13 所示。

图9-12　单击"添加到轨道"按钮（1）

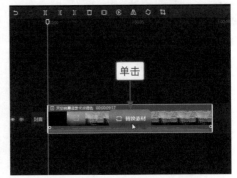

图9-13　单击"替换素材"按钮

步骤 05 进入视频模板编辑界面，单击目标视频素材右下角的"添加到轨道"按钮，如图9-14所示，即可完成对模板的套用。

图9-14　单击"添加到轨道"按钮（2）

9.2 使用素材包完善视频

素材包是剪映提供的一种局部模板，通常包括特效、音频、文字、滤镜等素材。相比于完整的视频模板，素材包的时长通常比较短，更适合用来制作片头、片尾，或为视频中的某个片段增加趣味性元素。

9.2.1 添加片头素材包

效果展示　剪映内置多种类型的素材包，用户可以为视频添加片头素材包，快速制作片头效果，如图 9-15 所示。

图9-15　效果展示

下面介绍在剪映电脑版中添加片头素材包的具体操作方法。

步骤 01　在剪映电脑版中添加一段视频素材，并将其导入视频轨道，如图 9-16 所示。

步骤 02　切换至"模板"功能区，展开"素材包"｜"片头"选项卡，单击目标素材包右下角的"添加到轨道"按钮＋，如图 9-17 所示，为视频添加片头素材包。

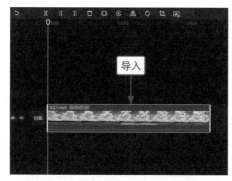

图9-16　将视频素材导入视频轨道　　　图9-17　单击"添加到轨道"按钮

步骤 03　在音频轨道上双击素材包自带的音频，调整其时长至与视频时长一致，如图 9-18 所示，完成对片头效果的制作。

图9-18　调整音乐的时长

　素材包中的所有素材是一个整体，在正常状态下，用户只能进行整体调整或删除。如果用户想单独对某一个素材进行调整或删除，需要双击该素材。

9.2.2 添加片尾素材包

效果展示 用户为视频添加片尾素材包之后，可以单独删除素材包中的某个素材，并手动添加合适的同类素材，效果如图 9-19 所示。

图9-19 效果展示

下面介绍在剪映电脑版中添加片尾素材包的具体操作方法。

步骤 01 将视频素材导入"媒体"功能区中后，单击视频素材右下角的"添加到轨道"按钮 ⊕，如图 9-20 所示，将视频素材添加到视频轨道中。

步骤 02 切换至"模板"功能区，展开"素材包" | "片尾"选项卡，单击目标素材包右下角的"添加到轨道"按钮 ⊕，如图 9-21 所示，为视频添加片尾素材包。

步骤 03 调整素材包的整体位置，使其结束位置与视频的结束位置一致，如图 9-22 所示。

步骤 04 双击音频，即可选择素材包自带的音频，选择后单击"删除"按钮 🗑，如图 9-23 所示，将其删除。

图9-20 单击"添加到轨道"按钮（1）　　图9-21 单击"添加到轨道"按钮（2）

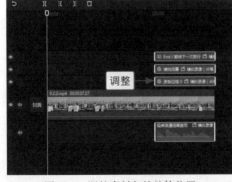
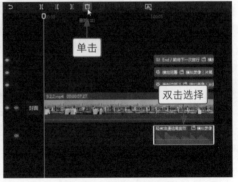

图9-22 调整素材包的整体位置　　　　图9-23 删除目标音频

步骤 05 切换至"音频"功能区，展开"音乐素材"｜"旅行"选项卡，单击目标音乐右下角的"添
加到轨道"按钮 ，如图 9-24 所示，为视频添加新的背景音乐。

步骤 06 拖曳时间指示器至视频结束位置后，单击"向右裁剪"按钮 ，如图 9-25 所示，即可自
动分割音频并删除多余的音频片段。

图9-24　单击"添加到轨道"按钮（3）　　　　图9-25　单击"向右裁剪"按钮

第 10 章　Premiere：
使用 AI 功能快速编辑视频

Premiere 是美国 Adobe 公司出品的视频非线性编辑软件。
该软件是视频编辑爱好者和专业人士必不可少的编辑工具之
一，有许多非常实用的 AI 视频制作功能，可以帮助用户快速
剪辑与处理视频片段。本章主要介绍使用 Premiere 的 AI 功能
进行视频编辑的操作方法。

10.1 使用"场景编辑检测"功能快速剪辑视频

在 Premiere Pro 2023 中使用"场景编辑检测"功能，可以自动检测视频场景并剪辑视频片段。本节主要介绍自动检测并剪辑视频素材、自动剪辑视频并生成素材箱、合成剪辑后的视频片段等内容。

10.1.1 对素材进行自动检测和剪辑

根据用户添加的视频素材，Premiere 可以自动检测视频中包含的多个场景，并按场景自动剪辑视频片段。下面介绍使用 Premiere 对素材进行自动检测和剪辑的具体操作方法。

步骤 01 启动 Premiere Pro 2023，在系统弹出的欢迎界面中单击"新建项目"按钮，进入新建项目界面。修改项目名称和项目位置后，单击"创建"按钮，如图 10-1 所示，即可创建一个项目。

图 10-1 单击"创建"按钮

步骤 02 在菜单栏中，单击"文件"｜"导入"命令，如图 10-2 所示。

步骤 03 弹出"导入"对话框后，在其中选择目标视频素材，如图 10-3 所示。

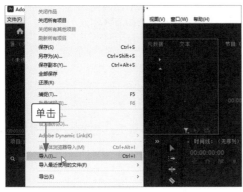

图 10-2 单击"导入"命令

图 10-3 选择目标视频素材

步骤 04 单击图 10-3 中的 "打开" 按钮, 即可在 "项目" 面板中查看导入的素材文件的缩略图, 如图 10-4 所示。

步骤 05 将素材拖曳至 "时间轴" 面板中, 右击鼠标, 在弹出的快捷菜单中选择 "场景编辑检测" 选项, 如图 10-5 所示。

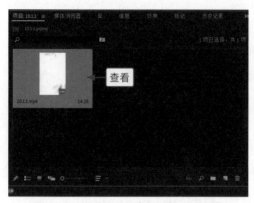

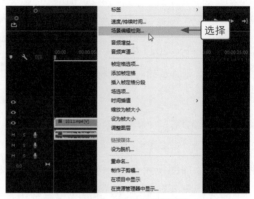

图 10-4　查看导入的素材文件的缩略图　　　　图 10-5　选择 "场景编辑检测" 选项

步骤 06 弹出 "场景编辑检测" 对话框, 勾选 "在每个检测到的剪切点应用剪切" 复选框后, 单击 "分析" 按钮, 如图 10-6 所示。

步骤 07 分析完成后, Premiere 即可根据视频场景自动剪辑视频片段, 将一整段视频剪辑成 4 个片段视频, 如图 10-7 所示。

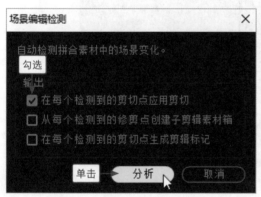

图 10-6　单击 "分析" 按钮　　　　图 10-7　自动剪辑视频片段

　　Premiere 有直观的用户界面, 用户能够在时间轴上对视频进行精确编辑和调整。Premiere 还内置许多高级功能, 如多摄像机编辑、音频混合、关键帧动画等, 以满足专业用户的需求。

10.1.2　自动生成素材箱

　　Premiere Pro 2023 不仅可以对视频素材进行自动剪辑, 还可以为剪辑完成的视频自动生成素材箱, 方便后续的视频调用与处理, 具体操作步骤如下。

步骤 01 新建一个项目, 在 "项目" 面板中导入一段视频素材, 如图 10-8 所示。

步骤 02 将视频素材拖曳至 "时间轴" 面板中, 如图 10-9 所示。

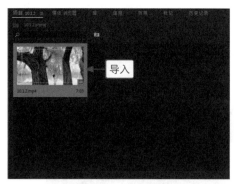

图 10-8　导入一段视频素材

图 10-9　将视频素材拖曳至"时间轴"面板中

步骤 03　在素材上右击鼠标，弹出快捷菜单，选择"场景编辑检测"选项，打开"场景编辑检测"
　　　　对话框。在"场景编辑检测"对话框中勾选"在每个检测到的剪切点应用剪切"和"从每
　　　　个检测到的修剪点创建子剪辑素材箱"复选框后，单击"分析"按钮，如图 10-10 所示。

步骤 04　分析完成后，Premiere 即可根据视频场景自动剪辑视频片段，将一整段视频剪辑成 3 个片
　　　　段视频，如图 10-11 所示。

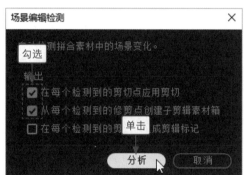

图 10-10　勾选目标复选框并单击"分析"按钮

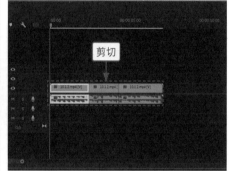

图 10-11　自动剪辑视频片段

步骤 05　此时，"项目"面板中会自动生成一个素材箱，用于存放剪辑后的视频片段，如图 10-12 所示。

步骤 06　双击该素材箱，打开素材箱面板，即可查看视频片段的缩略图，如图 10-13 所示。

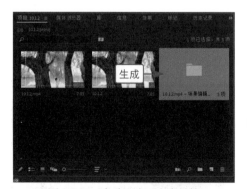

图 10-12　自动生成一个素材箱

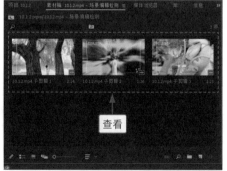

图 10-13　查看视频片段的缩略图

　　在"项目"面板中，单击下方的"项目可写"按钮 ，可以将项目更改为只读模式，项目进入不
可编辑的锁定状态，与此同时，按钮颜色会由绿色变为红色 ；单击"列表视图"按钮 ，可以将
素材以列表形式显示；单击"图标视图"按钮 ，可以将素材以图标形式显示；单击"自由变换视图"
按钮 ，可以将对素材进行自由变换的控制点显示出来。

10.1.3 合成剪辑片段

效果展示 Premiere Pro 2023 将视频素材按照检测到的视频场景进行自动分割后，用户可以调整分割后素材片段的位置，将这些素材片段按照新的顺序合成为一个视频，方便后续编辑与处理，效果如图 10-14 所示。

图 10-14　效果展示

下面介绍在 Premiere 中对剪辑片段进行合成的具体操作方法。

步骤 01　单击"文件"｜"打开项目"命令，打开一个项目文件。在"项目"面板中选择素材箱，如图 10-15 所示。

步骤 02　双击打开素材箱，选择"子剪辑 1"素材片段，如图 10-16 所示。

图 10-15　在"项目"面板中选择素材箱　　　图 10-16　选择"子剪辑 1"素材片段

步骤 03　在"子剪辑 1"素材片段上按住鼠标左键并拖曳，将其拖曳至"时间轴"面板中，如图 10-17 所示，即可应用剪辑后的素材。

步骤 04　用同样的方法，将"子剪辑 4"素材片段拖曳至"时间轴"面板中的"子剪辑 1"素材片段后面，如图 10-18 所示。

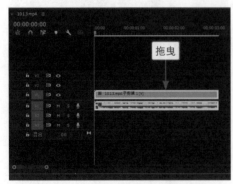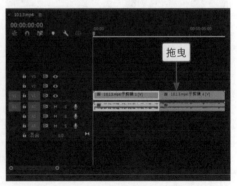

图 10-17　将素材拖曳至"时间轴"　　　　图 10-18　将素材拖曳至"时间轴"
　　　　面板中（1）　　　　　　　　　　　　　　面板中（2）

步骤 05 同时选择两个子剪辑片段后，右击鼠标，在弹出的快捷菜单中选择"嵌套"选项，如图 10-19 所示。

步骤 06 弹出"嵌套序列名称"对话框，单击"确定"按钮，即可嵌套序列，将视频轨道中的素材片段合成为一个新的视频，效果如图 10-20 所示。

 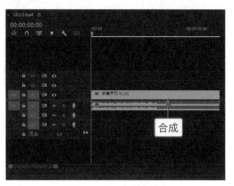

图 10-19 选择"嵌套"选项　　　　　　图 10-20 合成视频

10.2 使用智能化功能完成素材编辑

Premiere Pro 2023 中还有许多智能化功能，比如自动调色、通过语音识别自动生成字幕等，能够帮助用户更便捷地编辑视频素材，快速得到想要的视频效果。

10.2.1 使用"自动"功能完成画面调色

效果展示 使用 Premiere Pro 2023 中的"自动"功能，新手也能一键搞定视频调色，提高视频画面的美感，吸引观众的注意力。调色前后的效果对比如图 10-21 所示。

图 10-21 调色前后的效果对比

下面介绍在 Premiere 中使用"自动"功能完成画面调色的具体操作方法。

步骤 01 单击"文件"｜"打开项目"命令，打开一个项目文件。在视频轨道中选择需要自动调色的视频素材，如图 10-22 所示。

步骤 02 在 Premiere 工作界面的右侧单击"Lumetri 颜色"标签，展开"Lumetri 颜色"面板后，在"基本校正"选项区中单击"自动"按钮，如图 10-23 所示，面板中的各项调色参数会自动发生变化。

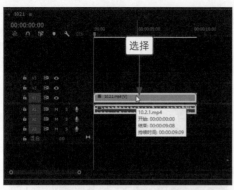

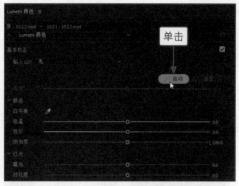

图 10-22　选择视频素材　　　　　　图 10-23　单击"自动"按钮

步骤 03 如果用户对画面色彩有自己的想法，可以在自动设置参数的基础上进行手动调整，如在"基本校正"选项区中设置"色温"参数为 –15.0、"饱和度"参数为 120.0，如图 10-24 所示，使画面的颜色偏蓝，并且更浓郁，完成对视频素材的调色。

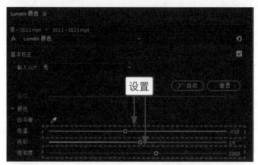

图 10-24　设置"色温"和"饱和度"参数

10.2.2　通过语音识别自动生成字幕

效果展示 Premiere Pro 2023 可以根据视频中的语音内容自动生成字幕，既节省了输入文字的时间，也提高了视频后期处理的效率，效果如图 10-25 所示。

图 10-25　效果展示

下面介绍在 Premiere 中通过语音识别自动生成字幕的具体操作方法。

步骤 01 单击"文件"｜"打开项目"命令，打开一个项目文件。在"项目"面板中，查看项目文件内的两段视频素材，如图 10-26 所示。

步骤 02 同时选择图 10-26 中的两段视频素材后，按住鼠标左键并拖曳，将其拖曳至视频轨道中，如图 10-27 所示。

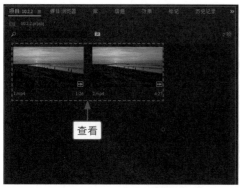

图 10-26　查看视频素材　　　　　　　图 10-27　将视频素材拖曳至视频轨道中

步骤 03　单击打开"文本"面板后，在"字幕"选项卡中单击"转录序列"按钮，如图 10-28 所示。

图 10-28　单击"转录序列"按钮

步骤 04　弹出"创建转录文本"对话框，在其中设置"语言"为"简体中文"后，单击"转录"按钮，如图 10-29 所示，即可自动识别并生成对应的转录文本。

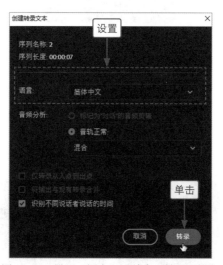

图 10-29　设置"语言"后单击"转录"按钮

步骤 05　在"转录文本"选项卡中，用户可以查看生成的文本内容，如果有需要修改的地方，可以在此处进行修改，也可以在生成字幕后进行修改。这里以在生成字幕后进行修改为例，介绍具体的操作方法。在"转录文本"选项卡中单击"创建说明性字幕"按钮，如图 10-30 所示。

图 10-30　单击"创建说明性字幕"按钮

步骤 06　弹出"创建字幕"对话框,在其中设置"行数"为"单行"后,单击"创建"按钮,如图 10-31 所示。

图 10-31　设置"行数"后单击"创建"按钮

步骤 07　稍等片刻,即可在"时间轴"面板中看到生成的字幕,并在"字幕"选项卡中查看生成的字幕效果,用户可以在此时对字幕进行编辑处理。例如,要将字幕拆分为两段,可以选择字幕后,单击右上角的 ··· 按钮,在弹出的列表框中选择"拆分字幕"选项,如图 10-32 所示。

步骤 08　执行操作后,即可将字幕拆分为两段。拆分后的字幕内容不会自动更新,用户需要分别双击两段字幕,对内容进行修改,修改后效果如图 10-33 所示。

图 10-32　拆分字幕

图 10-33　修改文本内容

步骤 09   在"时间轴"面板中调整两段字幕的时长，如图 10-34 所示。

步骤 10   双击第 1 段字幕，在展开的"基本图形"面板中切换至"编辑"选项卡，更改文字字体后，
        设置"字体大小"参数为 80，如图 10-35 所示，调整文字样式。用同样的方法，为第 2
        段字幕设置相同的文字样式，完成对字幕的添加。

图 10-34　调整两段字幕的时长

图 10-35　调整文字样式

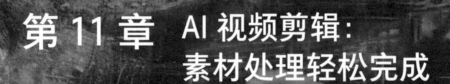

第 11 章　AI 视频剪辑：
素材处理轻松完成

除了快速生成视频，如今，越来越多的剪辑软件和平台开
始提供丰富且强大的 AI 视频剪辑功能，让素材处理变得更方
便、更高效。本章主要介绍剪映电脑版和腾讯智影的智能化功
能的使用方法。

11.1 剪映电脑版的智能化功能

在剪映电脑版中，有许多 AI 功能非常实用，比如"识别歌词"功能、"智能字幕"功能等，可以帮助大家快速制作想要的字幕效果。

11.1.1 使用"识别歌词"功能添加歌词字幕

效果展示 使用剪映电脑版的"识别歌词"功能，可以自动识别音频中的歌词内容，为背景音乐匹配动态歌词，效果如图 11-1 所示。

图11-1　效果展示

下面介绍在剪映电脑版中使用"识别歌词"功能添加歌词字幕的具体操作方法。

步骤 01 在"本地"选项卡中导入视频素材后，单击视频素材右下角的"添加到轨道"按钮 ➕，将视频素材添加到视频轨道中，效果如图 11-2 所示。

步骤 02 在"文本"功能区中，切换至"识别歌词"选项卡，单击"开始识别"按钮，如图 11-3 所示。

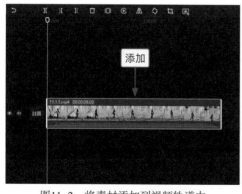

图11-2　将素材添加到视频轨道中

图11-3　单击"开始识别"按钮

步骤 03 稍等片刻，即可生成歌词文本，如图 11-4 所示。

步骤 04 选择第 1 段文本，在"文本"操作区的"基础"选项卡中设置合适的字体，如图 11-5 所示。

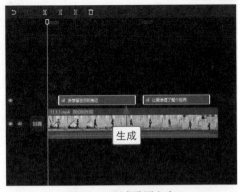

图11-4　生成歌词文本

图11-5　设置字体

步骤 05　切换至"花字"选项卡，选择合适的花字样式，如图 11-6 所示。

步骤 06　在"播放器"面板中调整第 1 段文本的大小，如图 11-7 所示，此时，第 2 段文本将按照第 1 段文本的效果进行自动调整，形成风格统一的字幕效果。

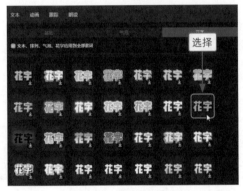

图11-6　选择花字样式

图11-7　调整文本的大小

11.1.2　使用"智能字幕"功能识别语音并生成字幕

效果展示　剪映电脑版的"智能字幕"功能的使用效率非常高，能够帮助用户快速识别视频中的语音内容并同步添加字幕效果，如图 11-8 所示。

图11-8　效果展示

下面介绍在剪映电脑版中使用"智能字幕"功能识别语音并生成字幕的具体操作方法。

步骤 01　在"本地"选项卡中导入视频素材后，单击视频素材右下角的"添加到轨道"按钮 ，将视频素材添加到视频轨道中，效果如图 11-9 所示。

步骤 02 在"文本"功能区中，切换至"智能字幕"选项卡，单击"识别字幕"区域中的"开始识别"按钮，如图 11-10 所示。

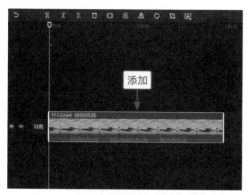

图11-9 将视频素材添加到视频轨道中

图11-10 单击"开始识别"按钮

步骤 03 稍等片刻，即可生成对应的字幕文本，用户可以根据需要修改文本内容，如图 11-11 所示。

步骤 04 选择第 1 段文本，在"文本"操作区的"基础"选项卡中更改字体后，设置合适的预设样式，如图 11-12 所示。

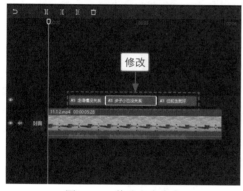

图11-11 修改文本内容

图11-12 设置预设样式

步骤 05 在"播放器"面板中调整第 1 段文本的大小，如图 11-13 所示，此时，后面两段文本将按照第 1 段文本的效果进行自动调整，形成风格统一的字幕效果。

图11-13 调整文本的大小

11.2 腾讯智影的智能化功能

在腾讯智影中，用户除了可以使用"文章转视频"功能进行文本生成视频操作，还可以使用多种 AI 剪辑功能，让素材处理更高效。本节主要介绍使用腾讯智影的"智能抹除"功能、"字幕识别"功能、"智能横转竖"功能和数字人资源进行视频处理、视频生成的操作方法。

11.2.1 使用"智能抹除"功能去除水印

效果展示 使用"智能抹除"功能，可以选择性地抹除视频中的水印和字幕，避免文字影响画面的美观度，效果对比如图 11-14 所示。

图11-14　效果对比展示

下面介绍在腾讯智影中使用"智能抹除"功能去除水印的具体操作方法。

步骤 01 在腾讯智影的"创作空间"页面中单击"智能抹除"按钮，如图 11-15 所示。

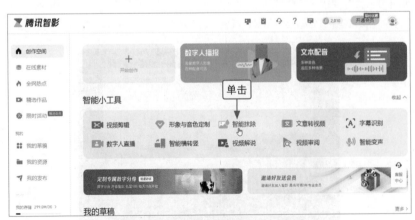

图11-15　单击"智能抹除"按钮

步骤 02 执行操作后，进入"智能抹除"页面，单击"本地上传"按钮，如图 11-16 所示。

步骤 03 在弹出的"打开"对话框中选择目标视频素材后，单击"打开"按钮，如图 11-17 所示，上传视频素材。

图11-16　单击"本地上传"按钮

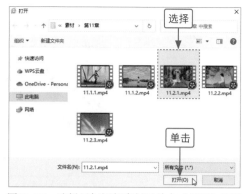

图11-17　选择目标视频素材后单击"打开"按钮

步骤 04 在"智能抹除"页面的视频预览区域中调整绿色水印框的位置和大小，使其框住水印文字，调整完成后，单击紫色字幕框中的关闭按钮 ✖，如图 11-18 所示，将多余的选框删除。

图11-18　调整水印框并删除字幕框

步骤 05 框选需要抹除的内容后，单击"确定"按钮，如图 11-19 所示。

图11-19　单击"确定"按钮

步骤 06 执行操作后，即可开始进行 AI 处理，自动抹除框选的文字内容。稍等片刻，用户即可在"最近作品"板块中查看处理好的视频效果。单击"下载"按钮，如图 11-20 所示，可以将视频下载到本地文件夹中。

图11-20　单击"下载"按钮

11.2.2　使用"字幕识别"功能生成歌词

效果展示　使用腾讯智影的"字幕识别"功能，可以自动识别视频中的音频并生成对应的字幕，该功能支持中文和英文两种字幕形式，效果如图 11-21 所示。

图11-21　效果展示

下面介绍在腾讯智影中使用"字幕识别"功能生成歌词的具体操作方法。

步骤 01　在腾讯智影的"创作空间"页面中单击"视频剪辑"按钮，进入视频剪辑页面。在视频剪辑页面的"当前使用"选项卡中单击"本地上传"按钮，如图 11-22 所示。

步骤 02　弹出"打开"对话框，选择目标视频素材后，单击"打开"按钮，将素材上传到"当前使用"选项卡中。在"当前使用"选项卡中单击素材右上角的"添加到轨道"按钮，如图 11-23 所示，将视频素材添加到视频轨道中。

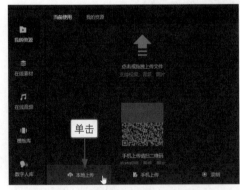
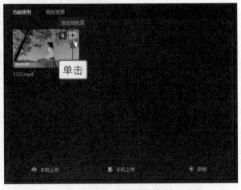

图11-22　单击"本地上传"按钮　　　　　图11-23　单击"添加到轨道"按钮

步骤 03 在视频轨道的上方单击"字幕识别"按钮 ，在弹出的列表框中选择"中文字幕"选项，如图 11-24 所示。

步骤 04 执行操作后，腾讯智影即可开始自动识别视频中的音频，并生成对应的字幕文本，如图 11-25 所示。

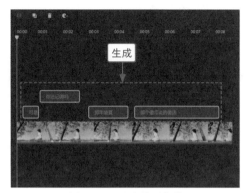

图11-24 选择"中文字幕"选项 　　　　图11-25 生成歌词字幕

步骤 05 选择第 1 段文本，在"编辑"选项卡的"基础"选项区中更改字体、设置"字号"参数为 50，并设置相应的预设样式，如图 11-26 所示，设置的样式效果会自动同步添加到后面的 3 段字幕上。

步骤 06 单击视频预览区域上方的"合成"按钮，如图 11-27 所示。

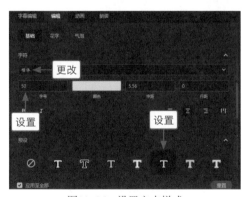

图11-26 设置文本样式 　　　　图11-27 单击"合成"按钮（1）

步骤 07 弹出"合成设置"对话框，修改视频名称后，单击"合成"按钮，如图 11-28 所示，即可生成视频。

图11-28 单击"合成"按钮（2）

在腾讯智影中，有时用户上传素材后，素材名称会发生变化，这是系统自动更改的，用户不必担心，在合成或下载视频时进行手动修改即可。

11.2.3 使用"智能横转竖"功能更改视频尺寸

效果展示 腾讯智影的"智能横转竖"功能支持将视频设置为 9 : 16、3 : 4 和 1 : 1 这 3 种比例，用户上传视频素材后，选择目标比例，即可进行自动转换，效果对比如图 11-29 所示。

图11-29　效果对比展示

下面介绍在腾讯智影中使用"智能横转竖"功能更改视频尺寸的具体操作方法。

步骤 01 在腾讯智影的"创作空间"页面中单击"智能横转竖"按钮，如图 11-30 所示。

图11-30　单击"智能横转竖"按钮

步骤 02 进入"智能横转竖"页面，单击"本地上传"按钮，如图 11-31 所示。

步骤 03 弹出"打开"对话框，选择目标视频素材后，单击"打开"按钮，如图 11-32 所示，上传视频素材。

图11-31　单击"本地上传"按钮

图11-32　选择目标视频素材后单击"打开"按钮

步骤 04　在"智能横转竖"页面中，保持"选择画面比例"为 9∶16 不变，单击"确定"按钮，如图 11-33 所示。

图11-33　单击"确定"按钮

步骤 05　执行操作后，即可开始进行 AI 处理，将横屏视频裁剪成竖屏视频。稍等片刻，用户即可在"最近作品"板块中查看处理好的视频效果。单击"下载"按钮，如图 11-34 所示，即可将视频下载到本地文件夹中。

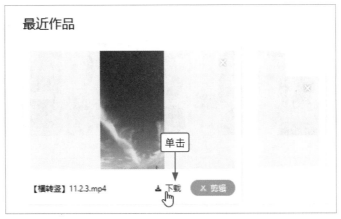

图11-34　单击"下载"按钮

11.2.4 使用数字人资源制作播报视频

效果展示 腾讯智影拥有丰富的数字人资源和多种多样的热门视频模板，用户可以选择喜欢的模板，对数字人形象、视频内容进行简单修改后，生成别具一格的数字人播报视频，效果如图 11-35 所示。

图11-35 效果展示

下面介绍在腾讯智影中使用数字人资源制作播报视频的具体操作方法。

步骤 01 在腾讯智影"创作空间"页面的"热门创作主题模板"板块中选择目标数字人视频模板，如图 11-36 所示。

图11-36 选择目标模板

步骤 02 执行操作后，进入预览面板，自动播放模板效果。单击面板右下角的"使用此模板创作"按钮，如图 11-37 所示。

步骤 03 执行操作后，即可进入模板编辑页面。在"数字人编辑"面板的"配音"选项卡中，单击文本框中的文字，如图 11-38 所示。

图11-37　单击"使用此模板创作"按钮

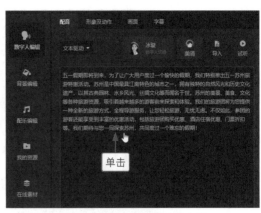

图11-38　单击文本框中的文字

步骤 04 执行操作后，弹出"数字人文本配音"面板。修改文本内容后，单击"保存并生成音频"按钮，如图 11-39 所示，稍等片刻，即可更改视频模板的配音内容和字幕。

步骤 05 在"数字人编辑"面板的"配音"选项卡中，单击"数字人切换"按钮，如图 11-40 所示。

步骤 06 弹出"选择数字人"面板，选择目标数字人后，单击"确定"按钮，如图 11-41 所示，即可完成对数字人形象的更改。

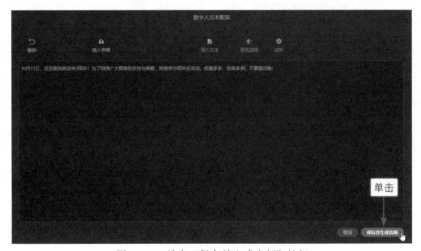

图11-39　单击"保存并生成音频"按钮

图11-40　单击"数字人切换"按钮

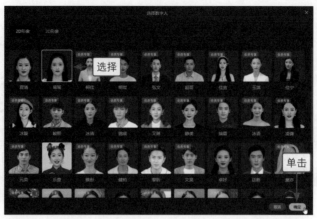

图11-41　选择目标数字人后单击"确定"按钮

步骤 07 在"数字人编辑"面板中，切换至"形象及动作"选项卡，设置"服装"为"衬衣"，如图 11-42 所示，更改数字人的穿着。

步骤 08 切换至"画面"选项卡，在"基础"选项区中设置"缩放"参数为 200，如图 11-43 所示，使画面中的数字人变大。

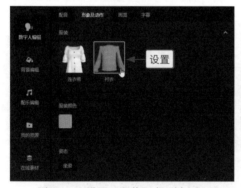

图11-42　设置"服装"为"衬衣"

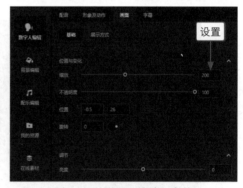

图11-43　设置"缩放"参数

步骤 09 切换至"字幕"选项卡，在"样式"选项区中更改字体、设置"字号"参数为 55，并选择合适的预设样式，如图 11-44 所示，优化视频中的字幕效果。

步骤 10 在视频的预览区域中单击"五一出游季"文本框，跳转至"花字编辑"面板。在"编辑"选项卡的"基础"选项区中修改文本内容，如图 11-45 所示，即可更改视频对应位置的字幕内容。

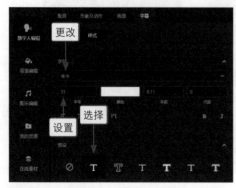

图11-44　设置文本样式

图11-45　修改文本内容

步骤 11 用与上述方法同样的方法，适当修改其他位置的字幕内容。修改完成后，单击页面上方的"合成"按钮，如图 11-46 所示。

步骤 12 弹出"合成设置"面板，修改视频名称后，单击"合成"按钮，如图 11-47 所示。

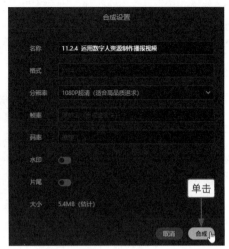

图11-46　单击"合成"按钮（1）　　　　图11-47　单击"合成"按钮（2）

步骤 13 执行操作后，弹出"功能消耗提示"面板，单击"确定"按钮，如图 11-48 所示，即可跳转至"数字人播报"页面，开始合成视频。合成完毕后，在"数字人作品"板块中单击"下载视频"按钮，即可将生成的视频下载到本地文件夹中。

图11-48　单击"确定"按钮

AI 短视频应用篇

第 12 章 AI 视频配音：
制作影视解说类短视频

本章用实际案例展示使用 ChatGPT 和剪映电脑版共同制作
影视解说类短视频的操作方法，具体操作包括生成解说文案、
生成 AI 配音音频、快速生成字幕、进行视频剪辑、制作片头
片尾、进行画面调色、优化字幕效果、设置音量变化、设置封
面并导出视频。

12.1 效果欣赏与解说文案生成

使用 ChatGPT 生成影视解说短视频的文案，不仅可以节省用户的时间和精力，还可以为用户提供一些剪辑建议，提高视频剪辑的效率。本节先欣赏影视解说类短视频的效果，再掌握使用 ChatGPT 生成解说文案的方法。

12.1.1 欣赏视频效果

效果展示 本案例先使用 ChatGPT 生成解说文案，再使用剪映电脑版进行 AI 视频配音、文稿匹配、素材剪辑等操作，案例效果如图 12-1 所示。

图12-1 效果展示

12.1.2 使用ChatGPT生成解说文案

生成文案时，用户可以要求 ChatGPT 为旁白配上画面描述，以便剪辑时根据描述选择画面，降低剪辑的难度。下面介绍使用 ChatGPT 生成解说文案的具体操作方法。

步骤 01 在 ChatGPT 中输入"你了解影视解说短视频文案吗？"，确认 ChatGPT 对影视解说短视频文案的了解程度，ChatGPT 的回复如图 12-2 所示。

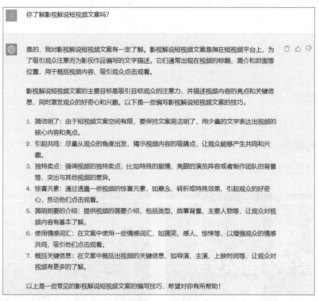

图12-2　ChatGPT生成的回复（1）

步骤 02 在 ChatGPT 中输入"你知道电影《84，Charing Cross Road》吗？"，确认 ChatGPT 对要解说的这部电影的了解程度，ChatGPT 的回复如图 12-3 所示。

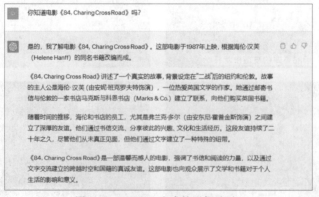

图12-3　ChatGPT生成的回复（2）

　　由于部分电影的中文名是翻译得来的，与英文原名有一定出入，因此用户在输入指令时最好使用电影的英文原名，让 ChatGPT 更精准地搜索和回复电影的相关内容。

步骤 03 让 ChatGPT 生成解说文案，在 ChatGPT 中输入"请从剧情分析的角度，为《84，Charing Cross Road》创作一篇影视解说类的短视频文案，要求：配有画面展示"，生成的短视频文案如图 12-4 所示。

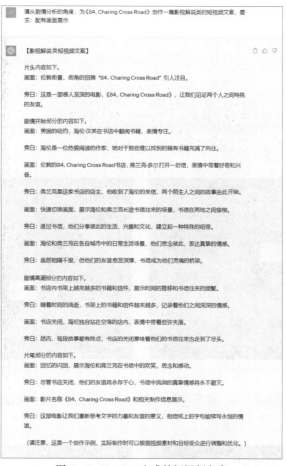

图12-4　ChatGPT生成的短视频文案

　　为了方便后续操作，用户可以将 ChatGPT 生成的文案复制并粘贴到文档中，并进行适当地调整。例如，用户可以在修改相关内容后，将修改好的文案复制一份，删除旁白以外的内容，制作纯净版文案，以便后期进行 AI 配音。

12.2　在剪映电脑版中剪辑视频

　　剪映电脑版拥有全面的视频编辑功能，可以充分满足用户在剪辑影视解说类短视频时的需求。另外，剪映电脑版还拥有许多 AI 功能，比如"朗读"功能、"文稿匹配"功能，可以帮助用户提高剪辑效率、优化视频效果。

12.2.1　生成AI配音音频

　　如何使用剪映电脑版快速生成配音音频？用户可以使用"朗读"功能，一键将文本内容转化为音频，转化前，还可以选择不同风格的配音音色，制作独特的配音效果。下面介绍在剪映电脑版中生成 AI 配音音频的具体操作方法。

步骤 01 打开剪映电脑版，在首页单击"开始创作"按钮，进入视频编辑页面。在"文本"功能区的"新建文本"选项卡中，单击"默认文本"选项右下角的"添加到轨道"按钮 ⊕，如图 12-5 所示，添加一段默认文本。

步骤 02 打开文档，将整理好的纯净版文案复制一份后，在剪映电脑版"文本"操作区的文本框中粘贴复制的文案，如图 12-6 所示。

 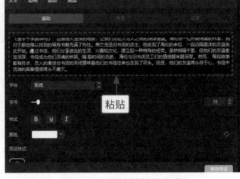

图12-5 单击"添加到轨道"按钮　　　　　　图12-6 粘贴复制的文案

步骤 03 切换至"朗读"操作区，选择"译制片男"音色后，单击"开始朗读"按钮，如图 12-7 所示。

步骤 04 执行操作后，即可开始进行 AI 配音，并生成对应的音频，如图 12-8 所示。

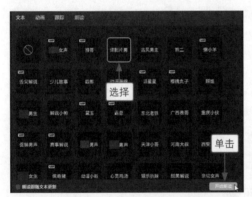 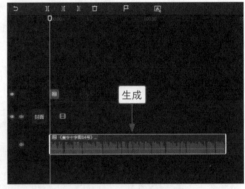

图12-7 选择目标音色后单击"开始朗读"按钮　　　　图12-8 生成对应的音频

步骤 05 单击界面上方的"导出"按钮，如图 12-9 所示。

图12-9 单击"导出"按钮

步骤 06 弹出"导出"面板，修改作品名称和保存位置后，取消勾选"视频导出"复选框，勾选"音频导出"复选框，单击"导出"按钮，如图 12-10 所示，将解说音频导出备用。

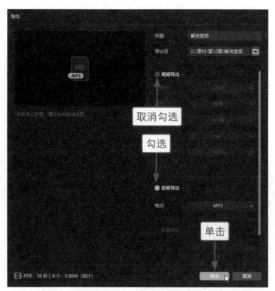

图12-10 导出解说音频

12.2.2 快速生成字幕

用户有文案内容和对应的音频时，可以使用剪映电脑版的"文稿匹配"功能快速生成字幕。需要注意的是，使用"文稿匹配"功能生成字幕时，轨道中不能有其他无关的音频干扰。下面介绍在剪映电脑版中快速生成字幕的具体操作方法。

步骤 01 新建一个草稿文件，将电影素材、片头图片、解说音频导入"媒体"功能区，如图 12-11 所示。

步骤 02 将片头图片和电影素材按顺序导入视频轨道，并拖曳时间指示器至电影素材的起始位置，随后，将解说音频拖曳至时间指示器的右侧，使其起始位置与电影素材的起始位置一致。完成调整后，在视频轨道的起始位置单击"关闭原声"按钮 🔊，如图 12-12 所示，为视频轨道中的素材设置静音，避免影响字幕的生成。

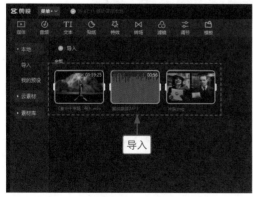

图12-11 将素材导入"媒体"功能区

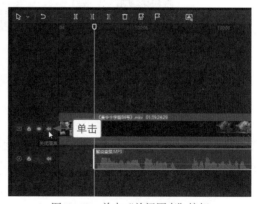

图12-12 单击"关闭原声"按钮

步骤 **03** 切换至 "文本" 功能区,在 "智能字幕" 选项卡中单击 "文稿匹配" 选项中的 "开始匹配" 按钮,如图 12-13 所示。

步骤 **04** 执行操作后,弹出 "输入文稿" 面板,粘贴纯净版文案后,单击 "开始匹配" 按钮,如图 12-14 所示。

图12-13 单击 "开始匹配" 按钮　　　图12-14 粘贴文案后单击 "开始匹配" 按钮

步骤 **05** 执行操作后,即可生成对应的字幕,如图 12-15 所示。

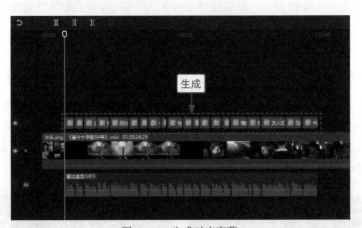

图12-15 生成对应字幕

12.2.3 进行视频剪辑

影视解说的魅力之一在于能够帮助观众用较短的时间快速了解一部电影的剧情和主旨。为此,用户需要根据解说文案找出合适的画面并进行剪辑,使文案与画面相匹配。生成解说文案时,ChatGPT 可以提供画面提示,用户在剪辑时可当作寻找画面的参考。下面介绍在剪映电脑版中进行视频剪辑的具体操作方法。

步骤 **01** 在字幕轨道的起始位置单击 "锁定轨道" 按钮🔒,如图 12-16 所示,将所有字幕锁定,使之无法再进行任何编辑,避免后续由于剪辑素材导致字幕被打乱或删除。用同样的方法,对解说音频进行锁定。

步骤 02 拖曳时间指示器至 00:01:57:01 的位置后，选择电影素材，单击时间线面板上方的"向左裁剪"按钮▮，如图 12-17 所示，即可分割出时间指示器左侧的素材，并自动将其删除。

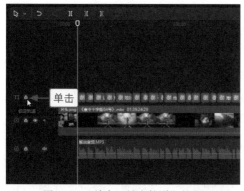 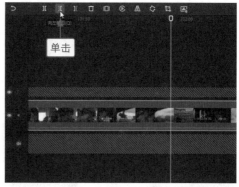

图12-16　单击"锁定轨道"按钮　　　　　图12-17　单击"向左裁剪"按钮

步骤 03 拖曳时间指示器至第 4 段文本的起始位置后，单击"分割"按钮▮，如图 12-18 所示，将其分割成两段，即可完成对第 1 个画面的剪辑。

步骤 04 在 00:03:03:16 的位置对素材进行分割，选择分割出的前半段素材后，单击时间线面板上方的"删除"按钮▯，如图 12-19 所示，删除不需要的片段。

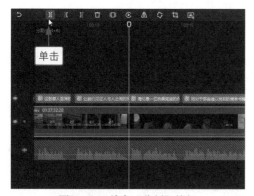 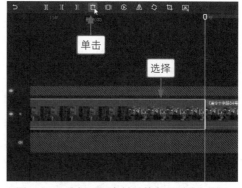

图12-18　单击"分割"按钮　　　　　图12-19　选择无用素材后单击"删除"按钮

步骤 05 用与上述方法同样的方法，对其他素材进行分割、删除等操作，完成对视频的剪辑，效果如图 12-20 所示。

图12-20　完成对视频的剪辑

12.2.4 制作片头片尾

一个完整的解说视频需要有好的片头和片尾，片头承担着简要介绍电影名称和主题的任务，片尾则发挥着总结与升华电影情感的作用。下面介绍在剪映电脑版中制作片头片尾的具体操作方法。

步骤 01 拖曳时间指示器至视频起始位置后，切换至"特效"功能区，在"画面特效"｜"基础"选项卡中单击"变彩色"特效右下角的"添加到轨道"按钮 ⊕，如图 12-21 所示，为片头素材添加一个特效。

步骤 02 在视频起始位置添加 3 段片头文本，并分别修改文本内容，如图 12-22 所示。

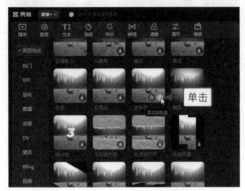
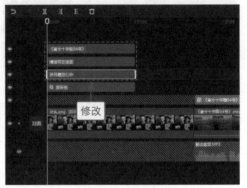

图12-21　单击"添加到轨道"按钮　　　　　图12-22　修改文本内容

步骤 03 选择第 1 段片头文本，设置字体和预设样式，如图 12-23 所示。

步骤 04 切换至"动画"操作区，在"入场"选项卡中选择"渐显"动画，如图 12-24 所示，为第 1 段片头文本添加入场动画。

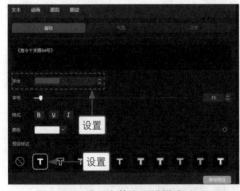

图12-23　设置字体和预设样式（1）　　　　图12-24　选择"渐显"动画

步骤 05 切换至"出场"选项卡，选择"渐隐"动画，如图 12-25 所示，为第 1 段片头文本添加出场动画。

步骤 06 用与上述方法同样的方法，为第 2 段片头文本和第 3 段片头文本设置字体和预设样式，如图 12-26 所示。

步骤 07 用与上述方法同样的方法，分别为第 2 段片头文本和第 3 段片头文本添加"打字机 II"入场动画和"渐隐"出场动画，并设置第 2 段片头文本的"渐隐"出场动画的"动画时长"参数为1.5s、第 3 段片头文本的"渐隐"出场动画的"动画时长"参数为 1.0s，部分设置如图 12-27 所示。

步骤 08 同时选择第 2 段片头文本和第 3 段片头文本后，在"朗读"操作区中选择"译制片男"音色，单击"开始朗读"按钮，如图 12-28 所示，为片头添加两段朗读音频。

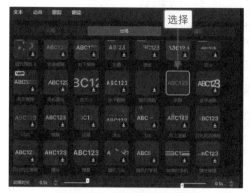

图12-25 选择"渐隐"动画

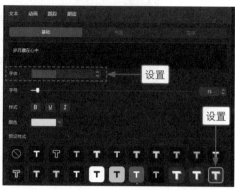

图12-26 设置字体和预设样式（2）

图12-27 设置"动画时长"参数

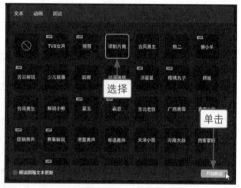

图12-28 选择目标音色后单击"开始朗读"按钮

步骤 09 调整两段朗读音频的位置后，根据朗读音频的位置调整 3 段文本的位置与时长，如图 12-29 所示。

步骤 10 在"播放器"面板中调整 3 段片头文本的位置和大小，如图 12-30 所示，完成对片头的制作。

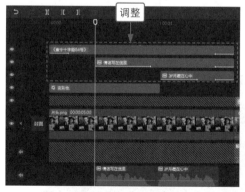

图12-29 调整文本的位置与时长

图12-30 调整文本的位置和大小

步骤 11 拖曳时间指示器至倒数第 3 段文本的结束位置后，将最后一段素材拖曳至画中画轨道中，并调整其时长，如图 12-31 所示。调整完成后，在画中画轨道的起始位置单击"关闭原声"按钮，为素材设置静音。

图12-31　调整画中画轨道中素材的时长

步骤 12　在"播放器"面板中调整画中画轨道中的素材至合适位置后，切换至"画面"操作区的"蒙版"选项卡，选择"线性"蒙版，设置"旋转"参数为 -90°、"羽化"参数为 20，调整蒙版的位置，如图 12-32 所示，在画面的左侧显示画中画轨道中的素材内容。

图12-32　调整蒙版的位置（1）

步骤 13　用与上述方法同样的方法，调整视频轨道中最后一段素材的位置，并为其添加"线性"蒙版，设置"旋转"参数为 90°、"羽化"参数为 20，调整蒙版的位置，如图 12-33 所示，在画面的右侧显示视频轨道中最后一段素材的内容，制作分屏展示的效果。

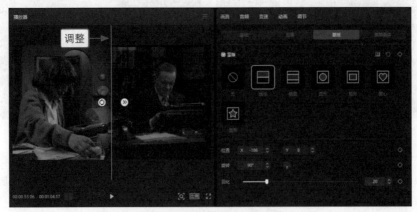

图12-33　调整蒙版的位置（2）

步骤 14 在"特效"功能区的"画面特效"｜"基础"选项卡中，单击"全剧终"特效右下角的"添加到轨道"按钮➕，为片尾添加一个闭幕特效。添加完成后，调整特效的位置和时长，如图 12-34 所示，完成对片尾的制作。

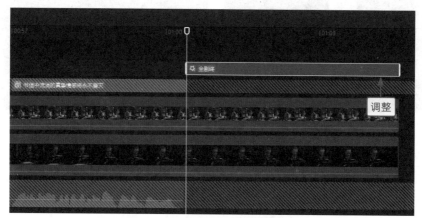

图12-34　调整特效的位置与时长

12.2.5　进行画面调色

在剪映电脑版中，最简单、快速的调色方法是为素材添加合适的滤镜。在添加滤镜的基础上，为素材添加调节效果，可以进一步优化画面色彩。下面介绍在剪映电脑版中进行画面调色的具体操作方法。

步骤 01 拖曳时间指示器至视频起始位置后，切换至"滤镜"功能区，在"室内"选项卡中单击"安愉"滤镜右下角的"添加到轨道"按钮➕，如图 12-35 所示，将"安愉"滤镜添加到滤镜轨道中。

步骤 02 调整"安愉"滤镜的时长，使其与视频时长一致，如图 12-36 所示。

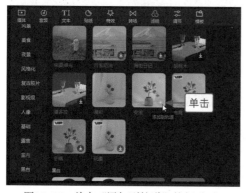

图12-35　单击"添加到轨道"按钮（1）

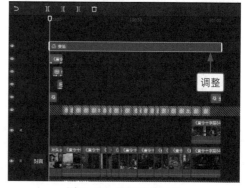

图12-36　调整滤镜时长

步骤 03 切换至"调节"功能区，在"调节"选项卡中单击"自定义调节"选项右下角的"添加到轨道"按钮➕，如图 12-37 所示，为视频添加一个调节效果，并调整其时长。

步骤 04 在"调节"操作区中，设置"色温"参数为 7、"饱和度"参数为 8、"光感"参数为 10，如图 12-38 所示，提高画面的光线亮度和色彩饱和度，增加画面的复古感。

图12-37　单击"添加到轨道"按钮（2）

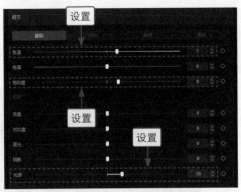

图12-38　设置调节参数

12.2.6　优化字幕效果

在剪映电脑版中，用户可以通过设置字幕样式和调整字幕的位置与大小，让字幕更醒目、更美观。下面介绍在剪映电脑版中优化字幕效果的具体操作方法。

步骤 01　在被锁定的字幕轨道的起始位置单击"解锁轨道"按钮🔒，如图 12-39 所示，取消对字幕轨道的锁定，以便对轨道中的字幕进行编辑。

步骤 02　选择第 1 段字幕，在"文本"操作区的"基础"选项卡中更改字体，设置"字号"参数为 8，并设置预设样式，如图 12-40 所示，设置的样式效果会自动同步添加到其他字幕上。完成字幕设置后，在"播放器"面板中调整第 1 段字幕的位置，完成对字幕效果的优化。

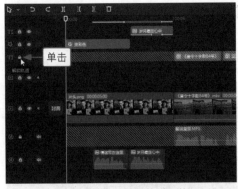

图12-39　单击"解锁轨道"按钮

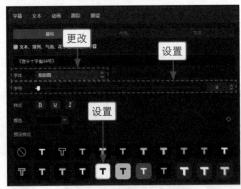

图12-40　设置字幕文本

12.2.7　设置音量变化

在剪映电脑版中，用户可以通过添加关键帧和设置"音量"参数，轻松制作音频的音量高低变化效果。下面介绍在剪映电脑版中设置音量变化的具体操作方法。

步骤 01　拖曳时间指示器至视频起始位置后，切换至"音频"功能区，在"音乐素材"选项卡的搜索框中输入并搜索"浪漫钢琴曲"，在搜索结果中单击目标音乐素材右下角的"添加到轨道"按钮➕，如图 12-41 所示，为视频添加一段背景音乐。

步骤 02 拖曳时间指示器至 00:00:15:14 的位置后，单击时间线面板上方的"向左裁剪"按钮▐，如图 12-42 所示，分割并自动删除前半段背景音乐。

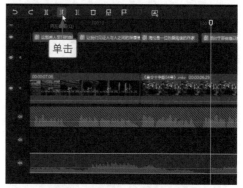

图12-41　单击"添加到轨道"按钮　　　　　　　　图12-42　单击"向左裁剪"按钮

步骤 03 调整剩下的背景音乐的位置后，拖曳时间指示器至视频结束位置，单击时间线面板上方的"向右裁剪"按钮▐，如图 12-43 所示，分割并自动删除多余的背景音乐。

步骤 04 拖曳时间指示器至视频起始位置后，在"音频"操作区的"基本"选项卡中单击"音量"选项右侧的"添加关键帧"按钮◆，如图 12-44 所示，在背景音乐的起始位置添加第 1 个关键帧，使音频起始位置的"音量"参数为 0.0dB。

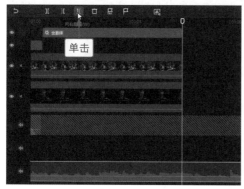

图12-43　单击"向右裁剪"按钮　　　　　　图12-44　单击"添加关键帧"按钮（1）

步骤 05 拖曳时间指示器至 00:00:01:07 的位置后，在"音频"操作区的"基本"选项卡中设置"音量"参数为 -25.0dB，如图 12-45 所示，"音量"选项右侧的关键帧按钮会自动被点亮◆，添加第 2 个关键帧，使音频的音量在第 1 个关键帧和第 2 个关键帧之间慢慢降低。

步骤 06 拖曳时间指示器至 00:01:00:12 的位置后，在"音频"操作区的"基本"选项卡中单击"音量"选项右侧的"添加关键帧"按钮◆，如图 12-46 所示，添加第 3 个关键帧，使音频的"音量"参数在第 2 个关键帧和第 3 个关键帧之间保持为 -25.0dB。

步骤 05 拖曳时间指示器至视频结束位置后，在"音频"操作区的"基本"选项卡中设置"音量"参数为 0.0dB，如图 12-47 所示，"音量"选项右侧的关键帧按钮会自动被点亮◆，添加第 4 个关键帧，使音频的音量在第 3 个关键帧和第 4 个关键帧之间慢慢升高，完成对音量高低变化效果的制作。

步骤 06 除了设置音量高低变化效果，用户还可以设置背景音乐的"淡出时长"参数为 1.5s，如图 12-48 所示，为音频添加淡出效果。

图12-45　设置"音量"参数（1）

图12-46　单击"添加关键帧"按钮（2）

图12-47　设置"音量"参数（2）

图12-48　设置"淡出时长"参数

12.2.8　设置封面并导出视频

在剪映电脑版中，用户可以为视频设置封面，并将封面添加到视频片头前。导出视频时，系统会自动将封面图片一同导出，用户可以在短视频平台上发布视频并添加导出的封面图片，提高视频点击率。下面介绍在剪映电脑版中设置封面并导出视频的具体操作方法。

步骤 01　在视频轨道的起始位置单击"封面"按钮，如图 12-49 所示。

步骤 02　弹出"封面选择"面板，在"视频帧"选项卡中拖曳时间指示器，选取合适的封面图片后，单击"去编辑"按钮，如图 12-50 所示。

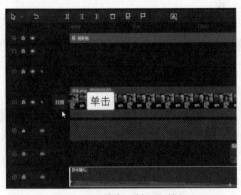

图12-49　单击"封面"按钮

图12-50　单击"去编辑"按钮

步骤 03 在弹出的"封面设计"面板中，用户可以为选择的封面图片添加模板和文本，也可以对封面图片进行裁剪或重选。如果用户不需要修改封面图片，单击"完成设置"按钮，如图 12-51 所示，即可将选择的图片设置为封面。

图12-51　单击"完成设置"按钮

步骤 04 单击视频编辑界面上方的"导出"按钮，如图 12-52 所示。

步骤 05 在"导出"面板中，修改视频名称和保存位置后，勾选"视频导出"复选框和"封面添加至视频片头"复选框，取消勾选"音频导出"复选框，设置"分辨率"参数为 720P，缩小视频占用的内存，单击"导出"按钮，如图 12-53 所示，即可将成品视频导出。

图12-52　单击"导出"按钮

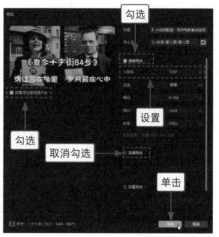

图12-53　设置并导出成品视频

第 13 章　AI 虚拟数字人：
制作口播类短视频

本章用实际案例展示使用 ChatGPT、腾讯智影和剪映电脑版共同制作口播类短视频的操作方法，具体操作包括生成口播文案、生成数字人素材、进行 AI 字幕匹配并设置字幕样式、使用"色度抠图"功能抠出数字人、美化背景素材、制作片头片尾、添加夜景滤镜和背景音乐。

13.1 效果欣赏与文案、素材生成

用户制作口播类短视频时，需要准备精彩的口播文案和数字人播报素材，使用 ChatGPT 和腾讯智影，可以迅速生成这些素材。本节先欣赏口播类短视频的效果，再掌握使用 ChatGPT 生成口播文案和使用腾讯智影生成数字人素材的操作方法。

13.1.1 欣赏视频效果

效果展示 本案例先使用 ChatGPT 生成口播文案，再使用腾讯智影生成数字人素材，最后使用剪映电脑版合成成品视频，案例效果如图 13-1 所示。

图13-1 效果展示

13.1.2 使用ChatGPT生成口播文案

生成口播文案时，用户可以要求 ChatGPT 为旁白配上画面描述，以便剪辑时根据描述选择画面，降低剪辑的难度。下面介绍使用 ChatGPT 生成口播文案的具体操作方法。

步骤 01 在 ChatGPT 中输入"你了解星空延时摄影吗"，确认 ChatGPT 对星空延时摄影的了解程度，ChatGPT 的回复如图 13-2 所示。

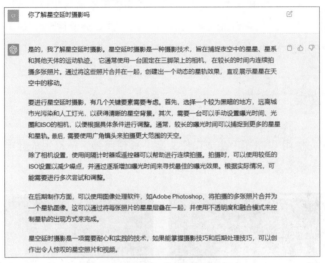

图13-2　ChatGPT生成的回复（1）

步骤 02 在 ChatGPT 中输入"请说明星空延时摄影的美体现在哪些方面"，了解 ChatGPT 对于星空延时摄影之美的分析与总结，ChatGPT 的回复如图 13-3 所示。

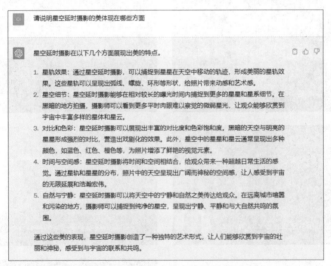

图13-3　ChatGPT生成的回复（2）

步骤 03 让 ChatGPT 生成口播文案，在 ChatGPT 中输入"以'星空延时摄影的美'为主题，创作一篇 100 字以内的短视频口播文案"，ChatGPT 生成的口播文案如图 13-4 所示。用户可以将 ChatGPT 生成的口播文案复制并粘贴到文档中，对文案的段落进行调整，使文案结构更清晰。

图13-4　ChatGPT生成的口播文案

13.1.3 使用腾讯智影生成数字人素材

使用腾讯智影中的海量数字人资源，用户可以轻松生成数字人素材。生成数字人素材时，用户可以对数字人的形象、配音、位置、大小、展现方式和视频背景进行设置。例如，用户可以将视频背景设置为纯色，方便后续在剪映电脑版中进行抠图处理。下面介绍使用腾讯智影生成数字人素材的具体操作方法。

步骤 01　在腾讯智影的"创作空间"页面中，单击"数字人播报"按钮，如图 13-5 所示。

图13-5　单击"数字人播报"按钮

步骤 02　进入"数字人播报"页面，在"2D 数字人"选项区中单击"查看更多"按钮，如图 13-6 所示。

图13-6　单击"查看更多"按钮

步骤 03　弹出"选择数字人"面板，选择目标数字人形象后单击"确定"按钮，如图 13-7 所示。

图13-7　单击"确定"按钮（1）

步骤 04 进入视频编辑页面，单击"配音"选项卡中的文本框，弹出"数字人文本配音"面板。在"数字人文本配音"面板中粘贴口播文案，如图 13-8 所示。

图13-8　粘贴口播文案

步骤 05 单击图 13-8 中"数字人文本配音"面板上方的"音色选择"按钮，弹出"数字人音色"面板。在"数字人音色"面板中选择目标音色后单击"确定"按钮，如图 13-9 所示，更改数字人的音色。

图13-9　单击"确定"按钮（2）

步骤 06 返回"数字人文本配音"面板，单击"保存并生成音频"按钮，如图 13-10 所示，即可生成对应文本的音频内容。

图13-10　单击"保存并生成音频"按钮

步骤 07　切换至"画面"选项卡，在"展示方式"选项区中选择圆形展示方式，如图 13-11 所示，
为数字人添加一个圆形蒙版。

步骤 08　在"展示方式"选项区中设置"背景填充"为"图片"后，在"图片库"板块中选择一张
白色图片，如图 13-12 所示，使蒙版背景为白色。

图13-11　选择圆形展示方式　　图13-12　设置"背景填充"为
　　　　　　　　　　　　　　　　　　"图片"后选择一张白色图片

步骤 09　调整数字人的大小和位置后，切换至"背景编辑"面板，设置背景为蓝色图片，如图 13-13
所示，更改数字人素材的整体背景。

步骤 10　打开"合成设置"面板，修改素材名称后单击"合成"按钮，如图 13-14 所示。

图13-13　设置背景为蓝色图片　　图13-14　单击"合成"按钮

步骤 11 弹出"功能消耗提示"对话框，单击"确定"按钮，如图 13-15 所示。

图13-15　单击"确定"按钮（3）

步骤 12 执行操作后，返回"数字人播报"页面，在"数字人作品"板块中，可以查看素材的生成进度，如图 13-16 所示。生成完成后，将数字人素材下载到本地文件夹中即可。

图13-16　查看素材的生成进度

13.2　在剪映电脑版中剪辑视频

用户可以在剪映电脑版中使用"色度抠图"功能，抠除数字人素材中的蓝色背景。操作时，先将数字人单独抠出来，再为其添加背景素材、字幕、滤镜、背景音乐等元素，最后合成一个美观、实用的数字人口播视频。

13.2.1　进行AI字幕匹配并设置字幕样式

使用"文稿匹配"功能，可以快速完成字幕匹配，轻松地为视频添加字幕。完成字幕添加后，用户还可以为字幕设置样式，提高字幕的美感。下面介绍在剪映电脑版中进行 AI 字幕匹配并设置字幕样式的具体操作方法。

步骤 01 将背景素材和数字人素材导入"媒体"功能区中后，将背景素材按顺序添加到视频轨道中，如图 13-17 所示。

步骤 02 在视频轨道的起始位置，单击"关闭原声"按钮 🔊，如图 13-18 所示，对所有背景素材设置静音。

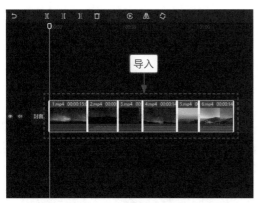

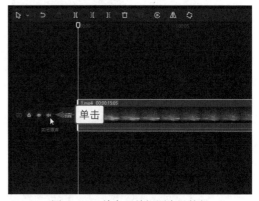

图13-17 将背景素材添加到视频轨道中　　　　　图13-18 单击"关闭原声"按钮

步骤 03 拖曳时间指示器至 00:00:03:00 的位置后，将数字人素材添加到画中画轨道中，如图 13-19 所示。

步骤 04 切换至"文本"功能区，展开"智能字幕"选项卡，单击"文稿匹配"选项中的"开始匹配"按钮，如图 13-20 所示。

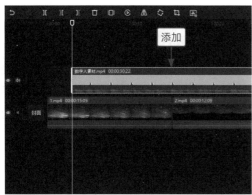

图13-19 将数字人素材添加到画中画轨道中　　　　图13-20 单击"开始匹配"按钮（1）

步骤 05 在弹出的"输入文稿"面板中粘贴口播文案后，单击"开始匹配"按钮，如图 13-21 所示，稍等片刻，即可生成对应的字幕。

步骤 06 选择第 1 段文本后，在"文本"操作区中设置字体及预设样式，如图 13-22 所示，设置的字体和预设样式会自动同步到其他文本上。

　　使用"文稿匹配"功能生成字幕，为字幕中的任意一段文本设置的字体、预设样式、花字等效果，都会自动同步到其他字幕文本上，但动画效果不会自动同步。

步骤 07 在"播放器"面板中调整文本的位置和大小，如图 13-23 所示。

步骤 08 全选所有文本后，切换至"动画"操作区，在"入场"选项卡中选择"渐显"动画，如图 13-24 所示，随后，在"出场"选项卡中选择"渐隐"动画，为所有文本添加入场动画和出场动画。

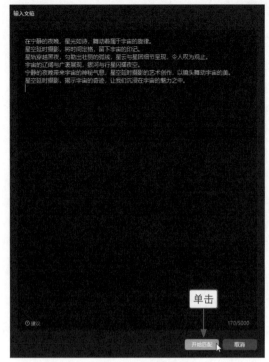

图13-21 单击"开始匹配"按钮（2）

图13-22 设置字体及预设样式

图13-23 调整文本的位置和大小

图13-24 选择"渐显"入场动画

13.2.2 使用"色度抠图"功能抠出数字人

如果用户想将某个纯色背景中的人或物抠出来，可以使用"色度抠图"功能，一键抠除背景颜色，只留下需要的素材。使用"色度抠图"功能抠出素材时，用户需要设置"强度"参数和"阴影"参数。需要注意的是，并不是这两个参数值越大，抠图效果越好，用户一定要根据素材的实际情况进行参数设置。下面介绍在剪映电脑版中使用"色度抠图"功能抠出数字人的具体操作方法。

步骤 01 选择数字人素材后，切换至"抠像"选项卡，勾选"色度抠图"复选框，单击"取色器"按钮，在画面中的蓝色位置进行取样，如图 13-25 所示。

步骤 02 取样完成后，在"色度抠图"选项区中设置"强度"参数为 1、"阴影"参数为 100，如图 13-26 所示，即可抠除数字人素材中的蓝色，使数字人单独显示。

步骤 03 在"播放器"面板中调整数字人的位置和大小，如图 13-27 所示。

图13-25　取样画面中的蓝色

图13-26　设置"强度"参数和"阴影"参数

图13-27　调整数字人的位置和大小

13.2.3 美化背景素材

为了让视频效果更美观，用户可以对背景素材进行美化，例如，添加转场效果、剪辑素材时长、设置背景样式等。下面介绍在剪映电脑版中美化背景素材的具体操作方法。

步骤 01 在字幕轨道的起始位置，单击"锁定轨道"按钮🔒，如图 13-28 所示，对字幕轨道进行锁定。

步骤 02 切换至"转场效果"功能区，在"热门"选项卡中单击"雾化"转场右下角的"添加到轨道"按钮➕，如图 13-29 所示，即可在第 1 段素材和第 2 段素材之间添加一个转场效果。

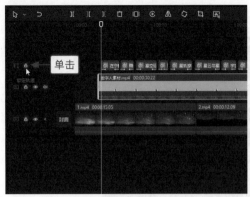

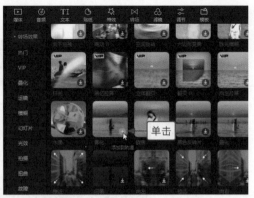

图13-28　单击"锁定轨道"按钮　　　　图13-29　单击"添加到轨道"按钮

步骤 03 在"转场"操作区中设置"雾化"转场的"时长"参数为 0.7s，单击"应用全部"按钮，
如图 13-30 所示，即可在其他素材之间添加"雾化"转场效果。

步骤 04 拖曳时间指示器至第 2 段文本的结束位置后，拖曳第 1 段素材右侧的白色边框，调整素材
时长，如图 13-31 所示。

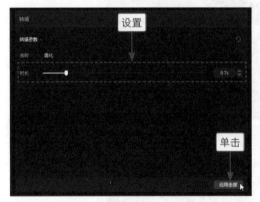

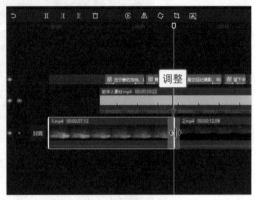

图13-30　设置转场参数后单击"应用全部"按钮　　图13-31　调整素材时长（1）

步骤 05 用与上述方法同样的方法，调整其他素材的时长，如图 13-32 所示。

步骤 06 在"画面"操作区中切换至"基础"选项卡，设置"背景填充"为"模糊"后，选择第 2
个模糊效果，单击"全部应用"按钮，如图 13-33 所示，为所有背景素材添加模糊背景，
完成对背景素材的美化。

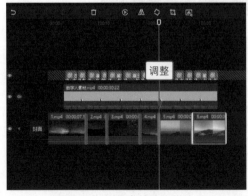

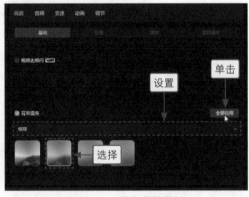

图13-32　调整素材时长（2）　　　　图13-33　美化背景素材

13.2.4 制作片头片尾

一个好的片头，应该开门见山地展示视频主题；一个好的片尾，应该为观众留下回味的余地。下面介绍在剪映电脑版中制作片头片尾的具体操作方法。

步骤 01 拖曳时间指示器至视频起始位置，选择第 1 段素材后，切换至"动画"操作区，在"入场"选项卡中选择"渐显"动画，如图 13-34 所示，制作画面渐显的片头。

步骤 02 切换至"文本"功能区，单击"默认文本"右下角的"添加到轨道"按钮，如图 13-35 所示，为片头添加一段文本。

图13-34 选择"渐显"动画　　　　图13-35 单击"添加到轨道"按钮（1）

步骤 03 修改片头文本的内容后，设置一个合适的字体，如图 13-36 所示。

步骤 04 切换至"花字"选项卡，选择一个合适的花字样式，如图 13-37 所示，让片头更美观。

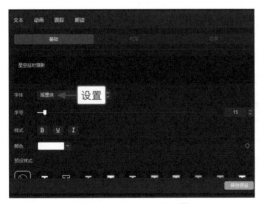

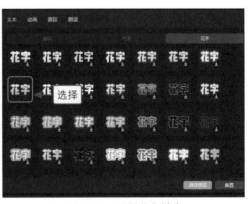

图13-36 设置文字字体　　　　图13-37 选择花字样式

步骤 05 切换至"动画"操作区，在"入场"选项卡中选择"晕开"动画，如图 13-38 所示，为片头文本添加入场动画。

步骤 06 在"出场"选项卡中选择"渐隐"动画，如图 13-39 所示，为片头文本添加出场动画。

步骤 07 在字幕轨道中调整片头文本的时长，如图 13-40 所示，完成对片头的制作。

步骤 08 拖曳时间指示器至最后一段文本的结束位置后，切换至"特效"功能区，在"画面特效"|"基础"选项卡中，单击"全剧终"特效右下角的"添加到轨道"按钮，如图 13-41 所示，为片尾添加一个特效。

图13-38 选择"晕开"动画

图13-39 选择"渐隐"动画

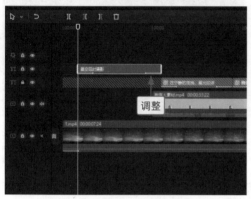

图13-40 调整片头文本的时长

图13-41 单击"添加到轨道"按钮（2）

步骤 09 调整"全剧终"特效的时长，如图 13-42 所示，完成对片尾的制作。

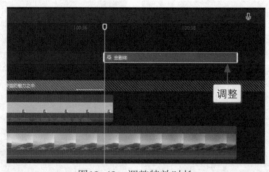

图13-42 调整特效时长

13.2.5 添加夜景滤镜

本案例使用的素材都是星空延时摄影视频，很适合添加"夜景"选项卡中的滤镜。例如，为视频添加"冷蓝"滤镜，可以让视频中的画面偏冷色调，并且使蓝色更突出。下面介绍使用剪映电脑版为视频添加夜景滤镜的具体操作方法。

步骤 01 拖曳时间指示器至视频起始位置后，切换至"滤镜"功能区，展开"夜景"选项卡，单击"冷蓝"滤镜右下角的"添加到轨道"按钮，如图 13-43 所示，为视频添加一个滤镜。

步骤 02 调整"冷蓝"滤镜的时长，使其与视频时长一致，如图 13-44 所示。

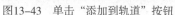
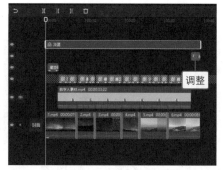

图13-43　单击"添加到轨道"按钮　　　　　图13-44　调整滤镜时长

步骤 03 在"滤镜"操作区中，设置"冷蓝"滤镜的"强度"参数为 75，如图 13-45 所示，减弱滤镜的作用效果，完成对视频的调色处理。

图13-45　设置"强度"参数

13.2.6　添加背景音乐

在剪映电脑版中，用户可以通过搜索关键词来寻找喜欢的音乐，并为视频添加背景音乐。背景音乐添加完成后，用户可以对背景音乐进行一系列设置，制作出独特的音频效果。下面介绍在剪映电脑版中添加背景音乐的具体操作方法。

步骤 01 切换至"音频"功能区，在"音乐素材"选项卡中的搜索框中输入并搜索"温柔钢琴曲"，如图 13-46 所示。

步骤 02 单击搜索结果中目标音乐素材右下角的"添加到轨道"按钮 ⊕，如图 13-47 所示，为视频添加一段背景音乐。

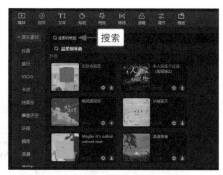

图13-46　搜索"温柔钢琴曲"　　　　　图13-47　单击"添加到轨道"按钮

步骤 03 拖曳时间指示器至视频结束位置后，单击"向右裁剪"按钮 Ⅱ，如图 13-48 所示，删除多余的背景音乐。

步骤 04 拖曳时间指示器至视频起始位置后，在"音频"操作区中单击"音量"选项右侧的"添加关键帧"按钮◇，如图 13-49 所示，添加第 1 个关键帧。

图13-48 单击"向右裁剪"按钮　　图13-49 单击"添加关键帧"按钮（1）

步骤 05 拖曳时间指示器至数字人素材的起始位置后，在"音频"操作区中设置"音量"参数为 −25.0dB，如图 13-50 所示，"音量"选项右侧的关键帧按钮会自动被点亮◇，添加第 2 个关键帧。

步骤 06 拖曳时间指示器至最后一段文本的结束位置后，在"音频"操作区中单击"音量"选项右侧的"添加关键帧"按钮◇，如图 13-51 所示，添加第 3 个关键帧。

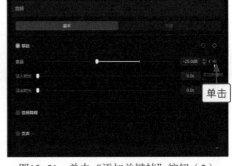

图13-50 设置"音量"参数（1）　　图13-51 单击"添加关键帧"按钮（2）

步骤 07 拖曳时间指示器至音频结束位置后，在"音频"操作区中设置"音量"参数为 0.0dB，如图 13-52 所示，"音量"选项右侧的关键帧按钮会自动被点亮◇，添加第 4 个关键帧，完成对音量效果高低变化的制作。

步骤 08 设置背景音乐的"淡出时长"参数为 1.0s，如图 13-53 所示，还可以为背景音乐添加淡出效果。

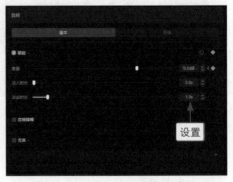

图13-52 设置"音量"参数（2）　　图13-53 设置"淡出时长"参数